DES PETITS MÉMENTOS CROVILLE-MORANT

MANUEL DE PHYSIQUE

PAR

QUESTIONS & RÉPONSES

(Second Cycle du Nouveau Plan d'Études)

BACCALAURÉAT

PREMIÈRE ET DEUXIÈME PARTIES

A. BOUCHONNET

Préparateur à la Faculté des Sciences de l'Université de Paris

PARIS

LIBRAIRIE CROVILLE-MORANT

20, rue de la Sorbonne, 20

1905

MANUEL DE PHYSIQUE

PAR

QUESTIONS & RÉPONSES

(Second Cycle du Nouveau Plan d'Etudes)

BACCALAURÉAT

PREMIÈRE ET DEUXIÈME PARTIES

A. BOUCHONNET

Préparateur à la Faculté des Sciences de l'Université de Paris

PARIS

LIBRAIRIE CROVILLE-MORANT

20, rue de la Sorbonne, 20

1905

PREFACE

Ce Mémento de physique a été rédigé pour les candidats au nouveau baccalauréat de l'enseignement secondaire (1re et 2e parties).

Nous espérons qu'ils feront à ce manuel le même accueil qu'à celui de chimie ; nous nous sommes proposé d'être bref et clair, le but de notre tâche étant de permettre aux candidats de revoir rapidement leur programme et de les aider ainsi à subir avec succès les épreuves de l'examen.

A. BOUCHONNET.

PHYSIQUE

NOTIONS GÉNÉRALES

Qu'est-ce que la physique ?

La physique est l'étude des forces naturelles, des causes de ces forces, de leurs effets et, par conséquent, des phénomènes généraux présentés par tous les corps ou par toute une classe de corps.

Forces

TRAVAIL, PUISSANCE, CONSERVATION DU TRAVAIL

Qu'entend-on par principe de l'inertie ?

Le principe de l'inertie est le suivant : *La vitesse d'un mobile dans un milieu fixe reste invariable si le milieu n'exerce sur le mobile aucune force.* Autrement dit : Tout corps ne peut, de lui-même modifier son état de repos ou de mouvement.

Dans ces conditions, le mobile se trouvera, par conséquent, en repos ou animé d'un mouvement rectiligne et uniforme.

Comment définit-on la force ?

On appelle *force* toute cause capable de produire ou de modifier le mouvement d'un corps.

Comment détermine-t-on une force ?

Une force est déterminée par son point d'application, sa direction et son intensité.

Qu'appelle-t-on résultante de plusieurs forces ?

On appelle *résultante* de plusieurs forces une force qui, à elle seule produirait le même effet que l'ensemble des autres forces, appelées *composantes*.

Comment obtient-on la résultante de deux forces concourantes ?

La résultante de deux forces *concourantes* est représentée en direction et en intensité par la diagonale du parallélogramme construit sur ces deux forces.

Comment obtient-on la résultante de deux forces parallèles et de même sens ? Qu'appelle-t-on centre des forces parallèles ?

Quand deux forces sont *parallèles* et de même sens, la résultante est égale à leur somme, et son point d'application divise la droite qui joint les points d'application des deux forces en deux segments inversement proportionnels aux intensités de ces forces.

Cette règle s'applique à un nombre quelconque de forces parallèles et de même sens appliquées à un corps solide ; le point d'application de la résultante finale s'appelle *centre des forces parallèles*.

Qu'entend-on par travail d'une force ?

On dit qu'une force effectue un *travail* quand elle imprime un déplacement quelconque à son point d'application. Ainsi un poids qui tombe, une grue qui soulève un fardeau, produisent du travail.

De quoi dépend le travail d'une force ?

Le travail d'une force dépend à la fois de l'intensité de la force et du chemin parcouru par son point d'application : si un poids d'un kilogramme tombe d'une hauteur d'un mètre, il produit un certain travail ; si le même poids tombe de 2 mètres, il produit un travail double.

Quelle est l'unité de travail ?

L'unité de travail est l'*erg* (Voir unités C. G. S.).

Comment évalue-t-on le travail d'une force ?

Il faut distinguer deux cas :
1° Celui où la force déplace son point d'application dans sa propre direction ;
2° Celui où la force déplace son point d'application suivant une direction différente de la sienne.

Dans le premier cas, le travail accompli est égal au produit de la force par le déplacement de son point d'application. On a :

$$W = F \times e,$$

en représentant par W le travail, par F la valeur de la force et par e le chemin parcouru par son point d'application.

Dans le second cas, qui est le plus général, le travail accompli est le produit de la projection f de la force F sur la direction du mouvement par la longueur AB dont s'est déplacé le point d'application M. On a :

$$W = f \times e.$$

Or, on voit sur la figure ci contre que

$$f = F\cos \alpha,$$

ce qui nous donne finalement :

$$W = F \times e\cos \alpha.$$

Si $\alpha = 0$, $W = F \times e$, ce qui est conforme au premier cas.

Tant que α reste aigu, son cosinus étant positif, le travail est positif ou *moteur*. Si α est droit, $\cos \alpha = 0$, le travail W est nul. Si α est obtus, $\cos \alpha$ étant négatif, le travail W est négatif ou *résistant*.

Donnez un exemple de travail moteur et de travail résistant.

Quand on soulève verticalement un corps ayant un poids P, la force musculaire appliquée au corps étant dirigée dans le sens du déplacement, on dit que cette force est *motrice* et que son travail est *moteur* ; on le considère comme positif.

D'autre part, le poids P du corps étant une force de même direction, mais de sens contraire, on dit que cette force est *résistante* et que son travail est résistant : on le considère comme négatif.

Qu'entend-on par multiplication de la force et conservation du travail ?

Certaines machines comme le treuil et le levier ont la propriété de multiplier l'effort qu'on exerce sur elles, mais elles restituent intégralement, sans le diminuer, ni l'augmenter le travail qu'on leur a donné.

La *multiplication de la force, la conservation du travail* sont des caractères que l'on retrouve dans toutes les machines simples (treuil, levier, vis, plan incliné). L'emploi de ces machines permet d'accomplir des travaux exigeant de puissants efforts, mais le travail est simplement *transformé :* on perd en chemin parcouru ce que l'on gagne en force.

Mouvements

CHUTE DES CORPS DANS LE VIDE ET DANS L'AIR

*Quand dit-on qu'un corps est en mouvement ?
Qu'appelle-t-on trajectoire ?*

On dit qu'un corps est en mouvement lorsqu'il occupe différentes positions successives dans l'espace.

On nomme *trajectoire* d'un point mobile la ligne que décrit ce point pendant son mouvement.

Qu'appelle-t-on mouvement uniforme ?

Un mouvement est *uniforme* quand le mobile parcourt des espaces égaux dans des temps égaux quelconques.

La *vitesse* dans un mouvement uniforme est l'espace parcouru dans l'unité de temps (seconde); ce nombre est donc constant.

La formule qui exprime cette relation entre l'espace e, la vitesse v et le temps t est :

$$e = vt,$$

ou

$$v = \frac{e}{t}.$$

Qu'entend-on par mouvement uniformément

varié ? mouvements uniformément accéléré et retardé ? Qu'est-ce que l'accélération ?

Un mouvement est dit *uniformément varié* quand la vitesse du mobile varie de quantités égales pendant des temps égaux, c'est à-dire proportionnellement au temps $(v = \gamma t)$. Si cette variation de vitesse est une augmentation, le mouvement est dit *uniformément accéléré* ; si c'est une diminution, il est dit *uniformément retardé*.

La quantité constante γ dont varie la vitesse pendant chaque unité de temps est appelée *accélération* ; c'est une grandeur positive dans le mouvement uniformément accéléré, une grandeur négative dans le mouvement uniformément retardé.

L'espace parcouru e dans le temps t est donné par $e = v_0 t + \dfrac{1}{2} \gamma t^2$. Si la vitesse initiale est nulle, on a :

$$e = \frac{1}{2} \gamma t^2,$$

et

$$v = \gamma t.$$

Que savez-vous sur la proportionnalité des forces aux accélérations qu'elles impriment à un même mobile ? Qu'est-ce que la masse ?

Soient des forces F, F', F''.... agissant successivement sur un mobile et lui imprimant des accélérations γ, γ', γ''...., on démontre qu'on a :

$$\frac{F}{F'} = \frac{\gamma}{\gamma'}, \quad \frac{F}{F''} = \frac{\gamma}{\gamma''}, \quad \frac{F}{F'''} = \frac{\gamma}{\gamma'''} \ldots$$

ou, ce qui revient au même :

$$\frac{F}{\gamma} = \frac{F'}{\gamma'} = \frac{F''}{\gamma''} = \ldots = m.$$

On nomme *masse* d'un corps la valeur constante des rapports $\frac{F}{\gamma}$, $\frac{F'}{\gamma'}$ .... ; on voit qu'une même force F imprimera à différents corps des accélérations d'autant plus grandes que leurs masses seront plus petites.

Qu'appelle-t-on pesanteur? Quelle est sa direction ?

On appelle *pesanteur* la force qui tend à diriger les corps vers le sol.

On obtient la direction de la pesanteur à l'aide d'un corps pesant suspendu à l'extrémité d'un fil (fil à plomb) La direction de la pesanteur est la même pour tous les corps à un même endroit ; on l'appelle *verticale*. La direction de la pesanteur est perpendiculaire au plan que forme la surface libre d'un liquide en équilibre; il en résulte qu'elle passe par le centre de la Terre.

Qu'appelle-t-on poids et centre de gravité d'un corps ?

On appelle *poids* d'un corps la résultante des actions de la pesanteur sur toutes les parties de ce corps ; c'est donc une force verticale égale à la somme des actions de la pesanteur.

Le point d'application de cette résultante s'appelle *centre de gravité* du corps. Le centre de gravité occupe une position invariable dans un corps qui conserve la même forme, quelle que soit la position de celui-ci.

Qu'entend-on par attraction universelle ? La pesanteur n'est-elle pas un cas particulier de l'attraction universelle ?

Newton a montré que le mouvement des planètes et de leurs satellites s'explique en admettant que *deux corps s'attirent proportionnellement au produit de leurs masses et en raison inverse du carré de leur distance.* Tel est l'énoncé de la loi de l'attraction universelle.

Comme conséquence de cette loi, on démontre que, si un corps est constitué par des couches sphériques de même densité dans toute leur étendue (comme le sont à peu près tous les astres), l'action exercée par ce corps sur un autre est la même que si toute la masse était concentrée en son centre.

La pesanteur n'est qu'un cas particulier de l'attraction universelle : la terre attire un corps placé à sa surface à peu près comme si toute sa masse était réunie à son centre. En effet, l'expérience nous montre : 1° que le poids d'un corps est dirigé vers le centre de la terre ; 2° qu'il est proportionnel à la masse du corps.

L'intensité de la pesanteur est-elle la même en tous les points de la terre ?

A cause du mouvement de rotation et de l'aplatissement de la terre, l'accélération g imprimée par la pesanteur varie légèrement avec la latitude ; elle est d'environ 978 c. à l'équateur, 981 c. à Paris, 983 c. dans le voisinage des pôles.

Quelles sont les lois de la chute des corps ? Comment les vérifie-t-on ?

1° *Tous les corps tombent également vite dans le vide.*

Cette loi se démontre pour les solides, par le *tube de Newton*, et pour les liquides, par le *marteau d'eau* ;

2° *Le mouvement est uniformément accéléré.*

Pour vérifier cette loi, il faut montrer que les espaces parcourus sont proportionnels aux carrés des temps $\left(e = g\,\dfrac{t^2}{2} \right)$ ou que les vitesses sont proportionnelles aux temps. La principale difficulté de ces observations provenant de la rapidité de la chute (4 m. 90 dans la première seconde), on a d'abord cherché à ralentir le mouvement sans changer sa nature.

Pour cela on se sert du *plan incliné*, de la *machine d'Atwood* ou de la *machine de Morin*.

Plan incliné, machine d'Atwood, machine de Morin

Que savez-vous sur le plan incliné ?

Galilée a imaginé de substituer à la chute libre le mouvement sur un plan incliné. Le point matériel étant en M est sollicité par son poids P. Cette force peut se décomposer d'après la règle du parallélogramme des forces en deux autres suivant les directions ME et MD, l'une parallèle à la ligne de pente AB du plan incliné, l'autre normale à ce plan.

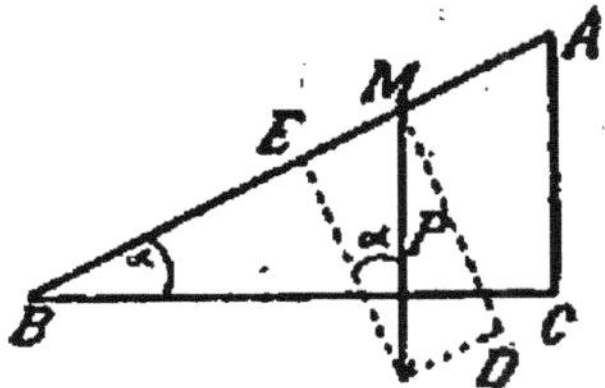

La force ME seule produit le mouvement de chute sur AB ; son intensité est $p \sin \alpha$ (p, poids du corps ; α, angle du plan incliné). En prenant cet angle assez petit, on peut donc réduire dans la proportion que l'on veut la force $p \sin \alpha$.

Galilée constata ainsi que les espaces parcourus étaient proportionnels aux carrés des temps employés à les parcourir.

Que savez-vous sur la machine d'Atwood ?

La *machine d'Atwood* permet aussi de ralentir la chute des corps sans changer la nature du mouvement. Elle consiste en deux masses égales M suspendues chacune à l'une des extrémités d'un même fil passant sur la gorge d'une poulie très mobile ; ces masses se font mutuellement équilibre. En chargeant l'une d'elles d'une masse additionnelle m, le poids de cette masse, force constante, met le système en mouvement et lui imprime une accélération γ, donnée par la formule :

$$= g \, \frac{m}{2M + m}.$$

Ce mouvement est assez lent pour que, à l'aide d'une règle graduée et d'un appareil chronométrique, on puisse en faire l'étude.

Pour vérifier la loi des espaces $\left(e = \dfrac{\gamma t^2}{2} \right)$ on laisse tomber la masse $M + m$ devant une règle graduée et, à l'aide d'un curseur plein, on arrête cette masse après une seconde de chute. On recommence l'expérience en arrêtant $M + m$ après deux secondes de chute. On trouve que les espaces parcourus sont proportionnels aux carrés des temps.

Pour vérifier la loi des vitesses $(v = \gamma t)$, on arrête successivement la masse m au bout de 1, 2,..... secondes de chute ; le système restant $(2M)$ prend chaque fois un mouvement uniforme dont la vitesse est celle que possédait le système $2M + m$ après 1, 2,..... secondes de chute. Il suffit de mesurer dans chaque expérience la distance entre le curseur annulaire et le curseur plein. On constate ainsi que les vitesses sont proportionnelles aux temps.

Que savez-vous sur la machine de Morin ?

Dans *la machine de Morin*, la chute n'est pas ralentie ; le corps qui tombe trace lui-même le diagramme de son mouvement sur un cylindre vertical recouvert d'une feuille de papier. La production simultanée du mouvement uniformément accéléré du corps et du mouvement uniforme que l'on communique au cylindre donne une parabole, dont les distances à la circonférence de départ, prises après 1, 2, 3,... unités de temps sont entre elles comme 1, 4, 9,..., ce qui vérifie la loi des espaces.

Pendule

APPLICATIONS. PENDULE DE FOUCAULT AU PÔLE

Qu'appelle-t-on pendule ?

On appelle *pendule* tout corps pesant mobile autour d'un axe ne passant pas par son centre de gravité. (Exemple : corps pesant suspendu à l'extrémité d'un fil fixé à sa partie supérieure).

Qu'entend-on par pendule simple ?

Le pendule *simple* est un pendule idéal qui serait formé d'un point pesant, suspendu à l'extrémité d'un fil sans poids, inextensible et parfaitement flexible. Tout pendule qui n'est pas simple, tout pendule réalisable par conséquent, est dit pendule *composé*.

Quelles sont les conditions d'équilibre du pendule ? Qu'entend-on par oscillation et amplitude de l'oscillation ?

L'équilibre n'est possible pour un pendule que

si son centre de gravité est sur la verticale passant par le point de suspension. Quand il est écarté de cette position, son poids l'y ramène; mais, en vertu de la vitesse acquise, le pendule dépasse la position d'équilibre et se relève de l'autre côté; il redescend ensuite et exécute ainsi de part et d'autre de la position d'équilibre, une série d'*oscillations*. On appelle *durée d'oscillation* le temps que met le pendule à passer d'une position extrême à l'autre position extrême; et, *amplitude de l'oscillation*, l'angle formé par les deux positions extrêmes du pendule.

Quand dit-on qu'un pendule simple est synchrone d'un pendule composé ?

On démontre qu'il est toujours possible de déterminer dans un pendule composé un point (ou plutôt un axe parallèle à l'axe de suspension) qui oscille dans le même temps que s'il était seul et forme, par conséquent, pendule simple. Ce pendule simple est *synchrone* du pendule composé, parce qu'il oscille en même temps que lui. On nomme *longueur du pendule composé* la longueur du pendule simple synchrone.

Quelles sont les lois du pendule? Donnez la formule qui rend compte de ces lois ?

On a démontré que les petites oscillations ne dépassant pas 5° sont *isochrones* (c'est-à-dire s'effectuent pendant le même temps). La durée d'une oscillation de faible amplitude est donnée par la formule :

$$t = \pi \sqrt{\frac{l}{g}}$$

d'où découlent les lois suivantes :

1° *Les petites oscillations sont isochrones* ;

2° *La durée d'une oscillation ne dépend pas de la substance du pendule* ; 3° *elle est proportionnelle à la racine carrée de la longueur du pendule et inversement proportionnelle à la racine carrée de l'intensité de la pesanteur.*

Quelles sont les applications du pendule ?

Le pendule composé sert à mesurer l'accélération de la pesanteur; on l'utilise aussi pour le réglage des horloges et pour déterminer la longueur du pendule qui bat la seconde.

Comment mesure-t-on g ?

La méthode consiste à faire osciller très faiblement un pendule composé en un lieu donné et à déterminer très exactement la longueur du pendule. On mesure avec soin la durée d'une oscillation et on applique la formule :

$$t = \pi \sqrt{\frac{l}{g}}$$

d'où l'on tire :

$$g = \frac{\pi^2 l}{t^2}.$$

Les expériences les plus récentes ont donné pour a valeur de g à Paris, $g = 980,991$ unités C. G. S.

En opérant à des latitudes et à des hauteurs différentes, on a trouvé que g augmente légèrement de l'équateur aux pôles et qu'il diminue à mesure que l'altitude augmente.

Sur quel principe repose le réglage des horloges ?

Le réglage des horloges se fait en utilisant l'isochronisme des petites oscillations. En astreignant les aiguilles d'une horloge à s'avancer sur le cadran de la même quantité à chaque oscillation d'un pendule (*balancier*), celles-ci ont une marche régulière puisque chaque oscillation se fait dans le même temps. Le mécanisme qui sert à commander la marche des aiguilles par un pendule s'appelle un *échappement à ancre*.

Si les aiguilles vont trop vite, on allonge un peu le balancier ; si elles vont trop lentement, on le raccourcit un peu.

Comment détermine-t-on la longueur du pendule qui bat la seconde ?

En un lieu où l'accélération est g, et pour des oscillations de faible amplitude, la longeur du pendule dont la durée d'oscillation est une seconde est donnée par la formule :

$$1 = \pi \sqrt{\frac{l}{g}}.$$

On en tire :

$$l = \frac{g}{\pi^2}.$$

Cette longueur varie donc proportionnellement à g. Pour Paris on a :

$$l = 99 \text{ cm. } 39.$$

Quelle application Foucault a-t-il tirée du pendule ?

Foucault a démontré directement, au moyen du pendule, la rotation de la terre. Cette expérience a été faite au Panthéon.

Il s'est basé sur ce que le plan d'oscillation d'un pendule reste toujours fixe, même si on imprime un mouvement de rotation à l'axe de suspension, pourvu que le point d'attache reste fixe.

Supposons alors qu'on installe au pôle Nord un pendule constitué par une boule pesante suspendue à l'extrémité d'un long fil d'acier et attachée à un point fixe.

A l'état de repos, le pendule se placera suivant la verticale du pôle, autrement dit suivant l'axe de rotation de la terre. Si l'on écarte le pendule de sa position d'équilibre et si on l'abandonne à lui-même, il se mettra à osciller dans un plan qui restera fixe dans l'espace, malgré la rotation de la terre, puisque le point de suspension, étant sur la ligne des pôles, reste lui-même immobile.

Si donc, on trace sur le sol au-dessous du pendule un cercle et un certain nombre de ses diamètres, on devra voir les différents diamètres du cercle passer alternativement sur la trace du plan d'oscillation du pendule avec le cercle : le cercle tourne en effet autour de son centre en 24 heures.

En réalité, il nous semble que nous restons immobiles et le mouvement de la terre se traduit par un déplacement apparent du plan d'oscillation du pendule.

Force vive. Energie. Applications

DIVERSES FORMES D'ÉNERGIE ; LEURS TRANSFORMATIONS MUTUELLES

Qu'appelle-t-on force vive d'un corps ?

On appelle FORCE VIVE d'un corps *à un instant déterminé, le demi-produit de sa masse par le carré de sa vitesse.*

Si M est la masse du corps et v sa vitesse à l'instant considéré, la force vive a pour expression ;

$$\frac{1}{2} M v^2.$$

Quelle relation existe-t-il entre la force vive d'un mobile et le travail effectué (dans le même temps) par la force qui agit sur ce mobile ?

Cette relation est connue sous le nom de *Théorème des forces vives* et s'énonce ainsi :

La variation de la force vive d'un point matériel, pendant un temps quelconque, est égale au travail effectué pendant le même temps par la force qui agit sur ce point.

Soit F la force constante qui agit sur un point

matériel m ; e, l'espace parcouru ; v_0, sa vitesse initiale ; γ, l'accélération imprimée par la force F ; v, la vitesse à l'instant t ; on démontre qu'on a la relation :

$$\frac{1}{2}\, mv^2 - \frac{1}{2}\, mv_0{}^2 = m\gamma e = F \times e = W.$$

Ce théorème, qui est vrai pour une force constante, est également vrai pour une force quelconque agissant sur un mobile. En mécanique, on démontre en effet ce théorème plus général :

Quand un système solide, formé d'un nombre quelconque de points, est soumis à l'action de forces quelconques et animé d'un mouvement quelconque, la différence entre la somme des travaux des forces motrices et la somme des travaux des forces résistantes, pendant un intervalle de temps déterminé, est égale, en grandeur et en signe, à la variation de la somme des forces vives de tous les points matériels pendant ce même intervalle de temps.

Qu'entend-on par énergie d'un corps ?

On appelle *énergie* d'un corps, dans des conditions déterminées, la faculté que possède ce corps de produire du travail : c'est la grandeur de ce travail qui est la mesure de l'énergie elle-même.

Autrement dit, on donne le nom d'énergie à tout pouvoir de travail résistant dans un corps et susceptible de donner lieu à une manifestation extérieure. Ainsi un cours d'eau est une source d'énergie ; un poids qui tombe produit de l'énergie ; le vent, la chaleur, la lumière sont de l'énergie.

Combien distingue-t-on de sortes d'énergie ?

On distingue deux sortes d'énergie : l'*énergie cinétique* et l'*énergie potentielle*.

Lorsque l'énergie contenue dans un corps est mise en œuvre, elle est dite *énergie cinétique* ou de mouvement (corps qui tombe) : elle produit un certain effet ou travail. Lorsque l'énergie est emmagasinée et ne donne lieu à aucune manifestation extérieure, elle est dite *potentielle* (corps suspendu au-dessus du sol) ; dans ce cas, l'énergie est pour ainsi dire mise en réserve dans le corps, car si l'on vient à supprimer l'obstacle qui s'oppose à la chute, le corps se met en mouvement et l'énergie potentielle se transforme en énergie actuelle.

Il n'y a pas perte d'énergie : l'énergie potentielle peut se transformer en énergie cinétique, et réciproquement, mais la somme de ces deux énergies ou l'énergie totale, reste constante pour un corps dans des conditions déterminées. Ceci découle du principe de la conservation de l'énergie.

Quel est le principe de la conservation de l'énergie ?

Ce principe s'énonce ainsi :
Un système ne peut gagner ou perdre du travail sans se modifier.

Autrement dit, si un travail vient à se subdiviser en un certain nombre de travaux de forme quelconque, la somme de ces derniers travaux, considérée à un moment quelconque est égale au travail primitif.

Ce principe complète le principe de l'inertie.

On voit que le gain ou la perte de travail par un système peuvent entraîner pour celui-ci des modifications d'ordre très différent : déplacements, déformations, changements de vitesse, ou échauffement ou électrisation.

Le principe de la conservation de l'énergie nous explique qu'il est impossible de construire une machine dont le fonctionnement soit périodique et qui fournisse du travail sans en recevoir d'autre part. En effet, si les organes de la machine se retrouvent dans le même état après un certain temps, la machine n'a acquis, ni perdu de travail : il faut donc que, si elle en a fourni d'une part, on lui en ait donné autant d'un autre côté.

Ceci démontre l'impossibilité du *mouvement perpétuel*.

Calculez les variations d'énergie dans quelques exemples simples. (Corps qu'on soulève, corps qu'on lance, volant qu'on fait tourner) :

1º *Corps qu'on soulève.* — Un corps reçoit du travail quand on le soulève. Si le corps a une masse de M grammes, que l'intensité de la pesanteur soit g et que l'on élève le corps de h centimètres, le travail fourni par la main sera Mgh ergs, C'est l'expression de l'augmentation d'énergie éprouvée par le corps.;

2º *Corps qu'on lance.* — Lorsqu'on lance un

corps, la réaction de celui-ci sur la main accomplit un travail négatif qui est égal et de signe contraire au travail effectué par la force que la main exerce sur ce corps lui-même. Or ce dernier équivaut à l'accroissement de force vive, en sorte que si le corps part du repos et acquiert une vitesse v, l'augmentation de son énergie est exprimée par :

$$W = \frac{1}{2} mv^2.$$

3° *Volant qu'on fait tourner*. — Lorsqu'on actionne un volant, le travail qu'on lui fournit est encore égal à l'accroissement de sa force vive. L'augmentation d'énergie sera :

$$W = \frac{1}{2} I \alpha^2,$$

α vitesse angulaire du volant ; I, son mouvement d'inertie par rapport à l'axe.

Quelles sont les différentes formes sous lesquelles l'énergie peut se présenter ? Donnez des exemples qui indiquent comment on peut passer des unes aux autres.

L'énergie peut se manifester sous différentes formes, telles que *chaleur, électricité, lumière, son*, etc.

Considérons un fusil chargé, au moment où l'on vient de tirer la gâchette et où le chien commence à s'abattre. A ce moment tout est encore immobile dans le fusil et l'énergie qu'il peut posséder est principalement sous forme d'énergie potentielle.

Dès que le chien a frappé la capsule, le coup part et l'énergie tout en restant constante, prend une tout autre forme : la balle et le fusil sont chassés en sens contraire, une partie de l'énergie se trouve ainsi transformée en énergie *cinétique* ; d'autre part, l'arme s'échauffe et des gaz très chauds sortent du canon : une partie de l'énergie se trouve sous forme d'énergie *calorifique* ; enfin l'air qui entoure l'arme entre en vibration, d'où le bruit de la détonation : une petite fraction de l'énergie se trouve sous forme d'énergie *vibratoire*.

On a dans la nature de fréquents exemples de transformations de l'énergie mécanique en énergie calorifique (chaleur) et inversement.

Ainsi, le choc (balle de plomb lancée contre une cible), le frottement (expérience de Tyndall), la compression (briquet à air) donnent des exemples de transformation de l'énergie mécanique en énergie calorifique.

Inversement, dans la machine à vapeur, une partie de l'énergie calorifique possédée par la vapeur se transforme en énergie mécanique employée à pousser le piston.

Le *soleil* est la source première de presque toute l'énergie qui se manifeste sur la terre. C'est la chaleur solaire qui vaporise l'eau, donne naissance aux vents, fait croître les plantes et entretient par suite la vie de l'homme et des animaux. Les principales sources d'énergie sont les combustibles (houille, etc.) et celles qui dérivent de la pesanteur, principalement l'eau.

Equivalent mécanique de la calorie : expérience de Joule. Chaleurs spécifiques Refroidissement d'un gaz par la détente.

Qu'appelle-t-on équivalent mécanique de la calorie ?

On appelle équivalent mécanique de la calorie ou équivalent mécanique de la chaleur, *le travail, évalué en ergs, qui correspond à la dépense d'une calorie*.

Cet équivalent a pour valeur 417×10^7 ergs ou 4 joules 17 (le joule vaut 10^7 ergs).

L'expérience montre en effet que, dans toute transformation réciproque d'énergie mécanique en énergie calorifique, un même travail correspond toujours à une même quantité de chaleur (équivalence de la chaleur et du travail).

Réciproquement, l'*équivalent calorifique du travail* ou équivalent calorifique de l'erg est la quantité de chaleur, évaluée en calories, qui correspond à la disparition d'un erg de travail. Cet équivalent est évidemment l'inverse de l'équivalent mécanique de la chaleur.

Comment détermine-t-on l'équivalent mécanique de la chaleur ?

On le détermine au moyen de l'expérience de Joule. Elle consiste, en principe, à transformer en chaleur, par le frottement de palettes dans l'eau d'un calorimètre, le travail produit par la chute d'un poids.

Qu'est-ce que la calorie ?

La *calorie*, ou unité de chaleur est *la quantité de chaleur nécessaire pour élever de 1 degré la température de 1 gramme d'eau.*

Il s'ensuit que si on prend 1 gr. d'un corps autre que l'eau, du cuivre par exemple, la quantité de chaleur nécessaire pour élever sa température de 1 degré sera différente.

Que savez-vous sur la détente des gaz ?

Une masse de gaz se détend quand elle augmente brusquement de volume, cette détente peut avoir lieu dans l'air ou dans le vide. Quand elle a lieu dans l'air, le gaz accomplit un travail extérieur en refoulant l'atmosphère ; il faut une certaine quantité de chaleur pour produire ce travail, le gaz doit donc se refroidir, et c'est ce qui arrive lorsqu'on ouvre à l'air un réservoir de gaz comprimé.

Quand la détente a lieu dans le vide, il n'y a pas de travail extérieur produit et il n'y a aucune raison pour que la température varie : on a pu vérifier par l'expérience qu'il en est ainsi.

Il s'ensuit que, quand un gaz se détend dans l'air, on peut obtenir un refroidissement considérable, qu'on a utilisé dans la liquéfaction des gaz.

Qu'entend-on par chaleur spécifique d'un corps ?

On appelle *chaleur spécifique* d'un corps le nombre en calories qui exprime la quantité de chaleur nécessaire pour élever de 1 degré la température de 1 gr. de ce corps.

Comment la détermine-t-on ?

On la détermine par la *méthode* dite *des mélanges* : En immergeant dans l'eau d'un calorimètre (capacité calorifique p, température initiale θ_0) un corps homogène plus chaud ou plus froid que l'eau (masse P, température initiale T), la température de l'eau et celle du corps varient en sens contraire jusqu'à devenir égales θ ; la relation

$$P c\ (T\text{-}\theta) = p\ (\theta\text{-}\theta_0)$$

fait connaître la chaleur spécifique c du corps.

Qu'appelle-t-on chaleur de fusion et chaleur de vaporisation d'un corps ?

On appelle *chaleur de fusion* d'un corps solide le nombre de calories qu'absorbe 1 gr. de ce corps pour fondre, sans élévation de température.

On appelle *chaleur de vaporisation* d'un liquide le nombre de calories qu'absorbe 1 gr. de ce liquide pour se transformer en vapeur saturante, sans élévation de température.

Ces nombres peuvent être déterminés pour chaque espèce de corps par la *méthode des mélanges.*

Principe de la machine à vapeur et des moteurs à explosion ; indicateur de Watt. — Enoncé du principe de Carnot. — Idée de la dégradation de l'énergie.

Qu'appelle-t-on machine thermique ?

On donne le nom de *machine thermique* à tout moteur qui produit du travail en dépensant de la chaleur.

Suivant que cette transformation a lieu par l'intermédiaire de la vapeur d'eau ou d'un gaz quelconque, la machine est dite *machine à vapeur* ou *machine à gaz*.

Si on désigne par JQ l'énergie calorifique reçue par une machine thermique ; par W, celle qu'elle restitue sous forme de travail et par JQ' celle qu'elle restitue sous forme de chaleur, on a la relation :

$$JQ = W + JQ'.$$

Quel est le principe de Carnot ?

Le principe de Sadi Carnot s'énonce ainsi :

En aucun cas, une machine thermique ne restitue intégralement sous forme de travail l'énergie calorifique JQ qu'elle reçoit.

Une partie seulement JQ — JQ' de cette énergie est transformée en travail, et on appelle *rendement* de la machine thermique le rapport entre le travail

W réellement obtenu et l'énergie JQ dépensée. Ce rapport est égal à :

$$\frac{JQ - JQ'}{JQ} = \frac{Q - Q'}{Q}.$$

Qu'appelle-t on puissance d'une machine ?

On dit qu'une machine a une puissance d'un *cheval vapeur* lorsqu'elle peut produire un travail de 75 kilogrammètres par seconde (Le kilogrammètre ou unité usuelle est le travail résistant d'un kilogr. élevé à 1 m. de hauteur).

Si donc le piston bat p coups par seconde, son travail total sera pw et la puissance P de la machine sera d'autant de chevaux-vapeur que ce nombre contiendra de fois 75 kilogrammètres.

$$P = \frac{1}{75}\, pw.$$

Sur quels principes repose la machine à vapeur ?

L'eau dans une chaudière ne peut bouillir ; sa température s'élève rapidement, et la force élastique de la vapeur devient considérable : par exemple, à 160° elle exerce une pression de 6 kilogr. par cmq. de surface : $p = S(P_1 - P_2)$. En faisant agir la vapeur sur l'une des faces d'un piston (renfermé dans un récipient appelé *cylindre*), l'autre face étant pressée par l'atmosphère, et ces faces changeant de rôle toutes les fois que le piston est à l'extrémité de sa course, celui-ci est poussé avec une grande force et son mouvement de va et vient est transmis à l'extérieur du corps de pompe par la *tige du piston.*

La vapeur est produite dans une chaudière ou *générateur*, elle se rend ensuite dans le cylindre et déplace le piston jusqu'au bout de sa course nécessairement limitée.

Comment le piston est-il ramené à son point de départ ?

Le piston est ramené à un point de départ, au moyen d'un appareil spécial appelé *condenseur* :

À l'aide d'une disposition convenable, on admet de l'autre côté du piston une nouvelle quantité de vapeur venant du générateur, en même temps que l'on *condense* celle qui avait agi précédemment : *le condenseur* est une enceinte close ne contenant que de l'eau froide et sa vapeur.

En quoi consiste la détente ?

En supprimant la communication du cylindre avec la chaudière quand le piston n'est qu'à la moitié ou au tiers de sa course, la vapeur emprisonnée continue à pousser le piston en augmentant de volume (détente) ; on obtient ainsi pour un même poids de vapeur employée un travail considérable ; l'économie est d'autant plus grande, mais la puissance du moteur d'autant plus faible, que la détente est plus prolongée.

Comment transforme-t-on le mouvement de va-et-vient du piston en mouvement circulaire ?

Le mouvement de va-et-vient du piston est généralement transformé en mouvement circulaire par l'intermédiaire du parallélogramme articuléde Watt et d'un levier *balancier* ; ou plus simplement à l'aide d'une *bielle*, reliée à une manivelle que porte *l'arbre de couche*. Cet arbre est muni d'une roue de grande masse, ou *volant*, qui, par sa vitesse acquise, entretient la régularité du mouvement.

Comment se fait la distribution de la vapeur ?

La distribution de la vapeur se fait généralement à l'aide d'un *tiroir*, pièce creuse qui, en se déplaçant, permet à la vapeur venant de la chaudière de se rendre alternativement sur chacune des faces du piston ; la partie du corps de pompe qui ne communique pas avec la chaudière est en relation, par l'intermédiaire du tiroir, avec l'atmosphère ou avec le condenseur. Le tiroir reçoit son mouvement de va-et-vient d'un *excentrique* calé sur l'axe de rotation du volant.

Sur quel principe repose l'indicateur de Watt ? En quoi consiste-t-il ?

On peut calculer le travail fourni par une machine à vapeur pendant une allée et une venue du piston quand on connaît la pression qui règne sur celui-ci aux différents points de sa course. En effet, si l'on trace deux axes de coordonnées rectangulaires, que l'on porte en abscisses les volumes occupés par la vapeur dans le cylindre, et en ordonnées les pressions correspondantes, on obtient une courbe fermée, et l'on démontre que le travail fourni par la vapeur est égal à l'aire de cette courbe.

L'*indicateur de Watt* permet d'obtenir le tracé automatique de cette courbe sur la machine elle-même. Cet appareil se compose d'un petit corps de pompe dans lequel se déplace un piston maintenu par un ressort. Ce corps de pompe communique avec le cylindre de la machine ; la vapeur agissant sur le piston imprime au crayon des déplacements verticaux, qui s'inscrivent sur un tambour animé d'un mouvement alternatif commandé par le piston même de la machine. A l'aide de la courbe fermée que l'on obtient, on peut repérer les variations de pression qui se produisent dans le cylindre.

Sur quels principes reposent les moteurs à explosion ?

Dans les *moteurs à explosion*, ou *moteurs à gaz tonnants*, c'est l'explosion d'un mélange détonant, enflammé dans le corps de pompe, qui pousse le piston ; la pression atmosphérique le ramène en sens inverse dès que les gaz échauffés d'abord par l'explosion se sont refroidis, ce qui a lieu presque immédiatement. Le mouvement de va-et-vient du piston est transformé en mouvement de rotation continu comme dans une machine à vapeur.

Les procédés d'inflammation sont très divers : c'est tantôt l'étincelle d'une bobine d'induction que met en action un courant électrique établi à l'instant voulu, tantôt la flamme d'un bec de gaz qu'une sorte de tiroir met à point nommé en contact avec le mélange tonnant.

Les gaz combustibles les plus employés sont :

Le gaz d'éclairage (moteurs fixes Lenoir, Otto),

L'oxyde de carbone (moteur fixe Bénier),

La vapeur de pétrole (automobile Panhard, de Dion Bouton).

Qu'entend-on par dégradation de l'énergie ?

La transformation de l'énergie mécanique en travail n'est jamais absolument totale. Quand on utilise à la production d'un travail la chute d'un poids, par exemple, une partie de l'énergie de celui-ci se dépense dans les frottements inévitables de l'appareil, se transforme en chaleur et se trouve pratiquement perdue. De même quand on actionne un moteur par un courant électrique, on n'utilise pas toute l'énergie développée par le courant, car une partie de cette énergie échauffe les fils conducteurs et se trouve encore perdue. Toutes les formes de l'énergie quelles qu'elles soient, énergie potentielle, énergie cinétique, énergie électrique, énergie chimique, possèdent ainsi une tendance singulière à prendre la forme calorifique, à se *dégrader*, pour ainsi dire, et l'on a à lutter contre cette tendance dans tous les dispositifs qui servent à la production du travail.

Les appareils de transformation seront donc d'autant plus parfaits que la dégradation de l'énergie sera plus soigneusement évitée.

Continuité de l'état gazeux et de l'état liquide
Expériences d'Andrews. Point critique.

Quelles sont les conditions nécessaires pour faire passer un corps de l'état gazeux à l'état liquide ?

Les conditions du passage des gaz à l'état liquide ont été établies par *Andrews*, qui a opéré sur le gaz carbonique.

Il a démontré que :

Pour liquéfier un gaz, il ne suffit pas de le comprimer à une température quelconque. Si grande que soit la pression employée, il existe une température appelée *point critique* au-dessus de laquelle un gaz ne peut être liquéfié.

Ainsi quand on chauffe au bain marie un tube de verre épais et scellé, contenant de l'anhydride carbonique liquide, on voit peu à peu la surface de niveau de ce liquide devenir moins nette, moins distincte, puis invisible ; le tube se trouve alors à la température critique ($31°$ pour CO^2). On appelle *pression critique*, la pression du gaz au moment où se produit ce phénomène.

Quelle distinction doit-on faire entre un gaz et une vapeur ?

Andrews s'est basé sur la considération des températures critiques pour préciser la notion de gaz et de vapeur : un fluide élastique doit s'appeler une *vapeur* au-dessous de la température critique, un gaz au-dessus. Ainsi l'anhydride carbonique est une vapeur liquéfiable à toute température inférieure à 31°; au-dessus de 31°, c'est un gaz résistant aux pressions les plus considérables que l'on puisse produire.

Comment montre-t-on la continuité de l'état liquide et de l'état gazeux ?

Comprimons au-delà de sa pression critique de l'anhydride carbonique maintenu à 15°; toute sa masse se liquéfie. Si nous élevons la température du fluide en maintenant sa pression constante, nous remarquons que la masse liquide devient entièrement gazeuse sans que l'on puisse observer le moindre changement dans l'aspect du fluide. La transformation s'est donc opérée d'une façon continue.

Elévation de la température d'ébullition et abaissement de la température de congélation dans les solutions étendues. Lois de Raoult. Solutions saturées. Sursaturation.

Quand un liquide contient un solide en dissolution, de quelle façon est modifiée sa tension de vapeur ?

On sait qu'un liquide émet des vapeurs jusqu'à ce que ces vapeurs aient atteint une tension maxima, que l'on appelle la tension de vapeur maxima du liquide à cette température (lois de la vaporation des liquides).

Or, quand un liquide contient un solide en dissolution, sa tension de vapeur, aux diverses températures, se trouve diminuée. Cette diminution de tension est en rapport avec les poids moléculaires du corps et du dissolvant. Cet abaissement de la tension de vapeur a pour conséquence l'élévation du point d'ébullition, puisque le phénomène de l'ébullition se produit quand la tension de la vapeur émise par le liquide égale la pression atmosphérique. Ce phénomène a été étudié par M. Raoult. Il a montré qu'une molécule de substance fixe (c'est-à-dire non sensiblement volatile à la température de l'expérience), diminue la tension de vapeur de ce liquide de la centième partie de sa valeur.

Quand un liquide contient un solide en dissolution, de quelle façon est modifiée sa température de congélation ?

On sait qu'un liquide se solidifie généralement à la même température que celle où il est entré en fusion.

Or, la température à laquelle se solidifie un liquide varie lorsque le liquide tient un autre corps en dissolution.

Raoult a démontré que l'abaissement du point de fusion est en relation avec le poids moléculaire du corps dissous. Si l'on désigne par P le poids du corps dissous dans 100 gr. d'un liquide ; par C la différence des températures de solidification du liquide pur et de cette dissolution ; par M le poids moléculaire du corps dissous, et par T une constante, dépendant de la nature du liquide, on a la relation :

$$C = T \times \frac{P}{M}$$

Quelle est la loi de Raoult ?

Cette loi s'énonce ainsi : *Des solutions équimoléculaires* (c'est-à-dire contenant le même nombre de molécules pour différentes substances, par unité de volume) *dans un même dissolvant ont même tension de vapeur, même température d'ébullition et même température de congélation.*

Cette loi permet de déterminer le poids moléculaire de corps non vaporisables.

Quand dit-on qu'une solution est saturée ? Qu'appelle-t-on coefficient de solubilité ?

Un grand nombre de corps solides mis en présence d'un liquide se dissolvent dans ce corps et modifient ses propriétés, comme nous venons de le voir, principalement son point de solidification et ses tensions de vapeur aux diverses températures. Quand un liquide a dissous toute la quantité du corps solide qu'il peut dissoudre, on dit que la solution *est saturée.*

Gay-Lussac a appelé *coefficient de solubilité* le poids du corps dissous dans 100 gr. du dissolvant employé lorsque la solution est saturée.

Mais, il vaut mieux définir, selon M. Étard, le coefficient de solubilité comme étant *la quantité de sel dissous dans 100 gr. de la dissolution saturée*, et non dans 100 gr. du liquide. Avec cette nouvelle définition, on trouve que le coefficient de solubilité varie proportionnellement avec la température.

Quand dit-on qu'une solution est sursaturée?

Quand on refroidit une solution saturée à chaud d'un corps plus soluble qu'à froid, l'excès du corps dissous se dépose. Souvent, comme pour la solidification des corps fondus, l'excès du corps dissous ne se sépare pas immédiatement ; on dit que la solution est *sursaturée*. La sursaturation cesse, comme d'ailleurs la surfusion, par l'addition d'une trace de la matière dissoute prise à l'état solide.

Quand un liquide contient deux sels en dissolution et tous les deux en sursaturation, on peut faire cesser la sursaturation de l'un par l'addition d'une trace de ce corps, sans faire cesser la sursaturation de l'autre ; puis avec une trace du second corps on fait, à son tour, cesser la saturation de ce dernier.

Unités

Quelles sont les unités fondamentales ?

Les unités mécaniques fondamentales adoptées par les Congrès internationaux des électriciens en 1881 et 1893 sont :

Pour le *temps*, la *seconde*, définie comme étant la $\frac{1}{86.400}$ partie du jour solaire moyen.

Pour la *masse*, le *gramme*, qui est la masse d'un centimètre cube d'eau distillée à 4°.

Pour la *longueur*, le *centimètre*, qui est la centième partie du mètre étalon déposé aux archives.

On désigne ce système sous le nom de *système C. G. S.*

Quelles sont les unités mécaniques dérivées ?

Unité de vitesse. — C'est la vitesse d'un mobile qui parcourt 1 centimètre par seconde, d'un mouvement uniforme.

Unité d'accélération. — Accélération d'un mobile animé d'un mouvement uniformément accéléré, dans lequel la vitesse augmente de 1 centimètre par seconde.

Unité de force. — C'est la force qui, agissant sur l'unité de masse (1 gr.), lui imprime l'unité d'accélération Cette force a reçu le nom de *dyne* (La pesanteur à Paris vaut 981 dynes).

Unité de travail. — C'est le travail accompli par une dyne qui déplace son point d'application de 1 centimètre sur sa propre direction. On l'appelle *erg*. L'unité usuelle de travail est le *kilogram-mètre*, travail moteur d'un kilogramme tombant d'un mètre, ou travail résistant d'un kilogramme élevé à la hauteur d'un mètre.

Unité de puissance. — C'est la puissance d'un moteur qui effectue un erg par seconde.

Que savez-vous sur les unités électriques ?

Les grandeurs que l'on rencontre en électricité statique sont la *quantité* et le *potentiel* ; comme le potentiel est proportionnel à la quantité d'électricité, le rapport de ces deux grandeurs est appelé sa *capacité.*

Les unités électriques sont donc :

1. *Unité de quantité.* — C'est la quantité d'électricité qui, placée à 1 centimètre d'une quantité égale, la repousserait avec une force d'une dyne. Dans la pratique, on emploie le *Coulomb* qui vaut 3×10^9 unités absolues.

Unité de potentiel. — C'est le potentiel d'un conducteur qui communiquerait l'unité de quantité d'électricité à une sphère de 1 centimètre de rayon.

Dans la pratique, on emploie *le Volt* qui vaut $\dfrac{1}{3 \times 10^1}$ unités absolues.

Unité de capacité. — C'est la capacité d'un conducteur qui renfermerait l'unité de quantité d'électricité, au potentiel 1 (On peut dire encore que c'est la capacité d'une sphère de 1 centimètre de rayon).

Dans la pratique on emploie le *Farad* ; c'est la capacité que prend un conducteur qui a un potentiel d'un volt pour une charge égale à un coulomb.

Unité de travail. — Dans la pratique on emploie le *watt*, c'est le produit d'un volt par *un coulomb*, il vaut donc $\dfrac{3 \times 10^9}{3 \times 10^2} = 10^7$ ergs

Que savez-vous des unités électro-magnétiques ?

Les unités électro-magnétiques servent à mesurer la quantité d'électricité (intensité) qui passe par seconde dans un courant. On prend pour base l'action d'un courant sur un aimant.

Ces unités sont :

Unité de magnétisme. — C'est la quantité de magnétisme qui exerce sur une quantité égale une force égale à une dyne.

Unité d'intensité. — C'est un courant d'intensité telle qu'une longueur de 1 centimètre sur un cercle de rayon égal à 1 centimètre, exerce au centre de ce cercle sur l'unité de quantité de magnétisme une force égale à une dyne. L'unité pratique d'intensité est l'*ampère*, qui vaut $\dfrac{1}{10}$ de l'unité électro-magnétique.

Unité de quantité. — C'est la quantité d'électricité qui passe en une seconde dans la section d'un conducteur par un courant ayant l'unité d'intensité. Dans la pratique on emploie le *coulomb*, qui vaut $\dfrac{1}{10}$ unité é-m.

Unité de résistance. — C'est la résistance d'un conducteur où l'unité de courant dépense, sous forme de chaleur, un erg en une seconde. L'unité pratique vaut 10^9 unités absolues ; on l'appelle *ohm*.

Unité de force électromotrice. — C'est la différence de potentiel qui, existant entre les deux extrémités d'un conducteur homogène de résistance égale à l'unité, y soutiendrait un courant ayant l'unité d'intensité. Dans la pratique on emploie le *volt* qui vaut 10^8 unités absolues.

Unité de capacité. — C'est la capacité d'un conducteur qui, chargé de l'unité électro-magnétique de quantités, se trouverait à un potentiel égal à l'unité électromagnétique de force électromotrice. Dans la pratique on emploie le *farad* qui vaut $\dfrac{1}{10^9}$ d'unité é-m. absolue.

Outre ces unités, on emploie encore une unité de travail et une unité de puissance : ce sont le *joule* et le *watt* Le joule est égal à 10^7 ergs. Le watt, qui vaut 10^7 unités de puissance, représente le travail d'un joule par seconde.

On voit donc que les grandeurs électriques peuvent être mesurées soit d'après le système électrostatique, soit d'après le système électromagnétique.

Généralités sur les mouvements vibratoires

Qu'entend-on par vibrations ?

On dit qu'un corps vibre dans un milieu fixe lorsqu'il subit dans ce milieu une suite de modifi-

Documents manquants (pages, cahiers...)

NF Z 43-120-13

cations mécaniques, identiques entre elles et ayant toutes une même durée qu'on appelle la *période de vibration*.

Exemple : les oscillations d'un pendule, celles d'une lame élastique fixée par l'une de ses extrémités.

De même, si un piston se déplace dans un corps de pompe fermé et plein d'air, la masse gazeuse qui sera alternativement dilatée et comprimée entrera en vibrations.

Comment enregistre-t-on les vibrations ?

On emploie généralement des méthodes graphiques. Si l'on fait vibrer par exemple une *lame d'acier*, cette lame inscrira elle-même, au moyen d'un dispositif spécial, ses vibrations sur un cylindre tournant recouvert d'une feuille de papier enduite de noir de fumée. Par cela, la lame est munie d'un stylet qui appuie légèrement sur le cylindre ; celui-ci peut tourner autour de son axe, d'un mouvement uniforme, au moyen d'un mécanisme d'horlogerie.

On voit alors que si le cylindre se déplace sans que la lame vibre, le stylet trace un cercle, mais si l'on fait vibrer la lame, elle tracera une courbe festonnée. Chaque sinuosité correspond à une vibration complète. La courbe obtenue reproduit la courbe même des vibrations : c'est une *sinusoïde*. On vérifie que la longueur des sinuosités est indépendante de leur profondeur ; c'est-à-dire que les petites oscillations de la lame d'acier sont isochrones.

de la part du milieu liquide ; les particules de celui-ci ne se déplacent qu'au moment du passage de l'onde et retombent au repos après avoir transmis à leurs voisines le mouvement qui les a momentanément animées.

C'est ce que l'on constate, si l'on regarde avec attention un bouchon flottant à la surface de l'eau : il est soulevé chaque fois qu'il est rencontré par une vague, mais il reste toujours sensiblement à la même place.

Un point quelconque P de la surface liquide se trouvera, au passage d'une onde, animé de déplacements qui constituent des vibrations ; celles-ci s'effectuent normalement à la surface et par suite à la propagation des ondes ; elles sont dites pour cela *transversales.*

Qu'appelle-t-on ondes sonores ? Comment se propagent les ondes dans un milieu élastique ?

On donne le nom d'*ondes sonores* aux couches d'air ébranlées à la suite les unes des autres, autour du point où se produisent les vibrations. Dans la production de ces ondes, il n'y a pas transport de la masse d'air : chacun des points ébranlés exécute simplement de petits mouvements de va-et-vient semblables à ceux qui constituent le mouvement vibratoire du corps ébranlé.

La vitesse de propagation de l'ébranlement est la même dans toutes les directions. L'onde consécutive à l'ébranlement momentané d'un point du milieu sera une sphère dont le rayon augmentera proportionnellement au temps. L'ensemble des ondes produit par un point mis en vibration, à un instant donné, sera constitué par des sphères concentriques, équidistantes ; un rayon commun à toutes ses sphères est dit *rayon de propagation*.

Ces vibrations sont dites *longitudinales* parce qu'elles s'effectuent dans le sens même de la propagation.

La lumière est aussi un centre de vibrations ; elle donne également naissance à des ondes (ondes lumineuses), les vibrations lumineuses sont transversales (voir optique).

ACOUSTIQUE

Propagation et vitesse du son

Qu'appelle-t-on son, acoustique, corps sonore ?

On donne le nom de *son* à la cause habituelle de
la sensation sonore due à la mise en activité du
nerf auditif. La science qui fait l'étude du son est
l'*Acoustique*.

On donne le nom de *corps sonore* à un corps qui
produit un son.

Quelle est la cause du son ?

Le son est dû à un mouvement vibratoire : on
le démontre en ébranlant une verge fixée dans un
étau ; une corde fixée à ses deux extrémités ; de
même si l'on fixe avec de la cire, au sommet d'une
cloche inclinée en verre, une petite balle métallique et qu'on donne un coup sec à la cloche, de
façon qu'elle rende un son, on voit la petite balle
subir des soubresauts très vifs.

Quelles sont les qualités du son?

Le son a trois qualités : l'*intensité*, la *hauteur* et
le *timbre*.

L'intensité du son est l'énergie avec laquelle il impressionne le nerf acoustique. L'intensité ne dépend que de *l'amplitude* du mouvement vibratoire qui produit le son.

La *hauteur* est la qualité qui fait qu'un son est grave ou aigu ; elle dépend de la rapidité des vibrations.

Le *timbre* est la qualité qui distingue l'un de l'autre deux sons de même hauteur et de même intensité. C'est par la différence des timbres qu'on distingue toujours, par exemple, les sons d'une trompette de ceux d'un violon.

Comment se propage le son dans les différents milieux ?

Le son ne se propage pas *dans le vide* : lorsqu'un corps est mis en vibration dans le vide, ses vibrations ne peuvent plus se transmettre à notre oreille. On le démontre en prenant un ballon de verre dans lequel se trouve une clochette suspendue par un fil ; si on fait le vide dans le ballon et qu'on agite la clochette on n'entend plus le son qu'elle produit.

L'air est le milieu qui sert le plus souvent d'intermédiaire pour transmettre les vibrations des corps sonores, mais le son se propage également dans les autres gaz. Si, dans l'expérience du ballon à clochette, on introduit dans le ballon vide un gaz quelconque, on obtient le même résultat qu'en y laissant entrer l'air.

Les *liquides* peuvent aussi transmettre les vibrations sonores. Un ouvrier placé au fond de l'eau dans une cloche à plongeur, entend les bruits qui se produisent sur le rivage.

Les corps *solides* transmettent aussi les sons ; ils les transmettent, en général, beaucoup mieux que l'air. En appliquant l'oreille sur le sol, on peut entendre, à plusieurs kilomètres de distance, le roulement d'une voiture.

Cependant les corps mous, comme l'étoupe, le coton cardé transmettent si imparfaitement le mouvement vibratoire, qu'on peut les employer pour amortir les sons.

Quelle est la vitesse du son dans l'air, les liquides et les solides ? Comment la détermine-t-on ?

La propagation du son n'est pas instantanée ; ainsi, quand on observe la décharge d'une arme à feu faite à une distance un peu considérable, on aperçoit d'abord la fumée et c'est seulement quelques secondes après qu'on entend le son.

De plus, *tous les sons se propagent également vite* ; on remarque en effet qu'un morceau d'orchestre entendu de plus près ou de plus loin conserve pour l'oreille le même caractère, ce qui implique que tous les sons sont transmis de la même manière.

Enfin le mouvement de propagation du son est uniforme. La *vitesse* du son est l'espace qu'il parcourt en une seconde.

Pour déterminer la vitesse du son dans l'air, on note d'une station B, l'intervalle qui sépare un signal lumineux et un son produits simultanément à une station A et on divise la distance AB par le temps noté. On admet aujourd'hui 331 mètres pour la vitesse du son à 0°.

Par une méthode analogue, on a trouvé que la vitesse du son dans l'eau était de 1.435 mètres par seconde ; dans les solides, elle est encore plus grande et on a montré qu'elle est environ égale à 10 fois 1/2 la vitesse du son dans l'air.

Réflexion des ondes. Echo. Résonance. Phonographe

Que savez-vous sur la réflexion du son ? Réflexion des ondes ?

Quand le mouvement vibratoire qui produit le son rencontre dans sa propagation un obstacle, tel qu'un mur, une portion du mouvement vibratoire se *réfléchit* comme le fait la lumière sur une surface polie.

Ainsi, si on prend deux miroirs concaves placés en regard l'un de l'autre à plusieurs mètres de distance, de façon que leurs axes coïncident, on observe qu'un son faible, tel que le tic-tac d'une montre, quand il est produit devant l'un des miroirs en un point spécial F appelé *foyer*, est entendu très distinctement du foyer F' de l'autre miroir, mais il cesse d'être perçu dès que l'oreille s'écarte du foyer F'.

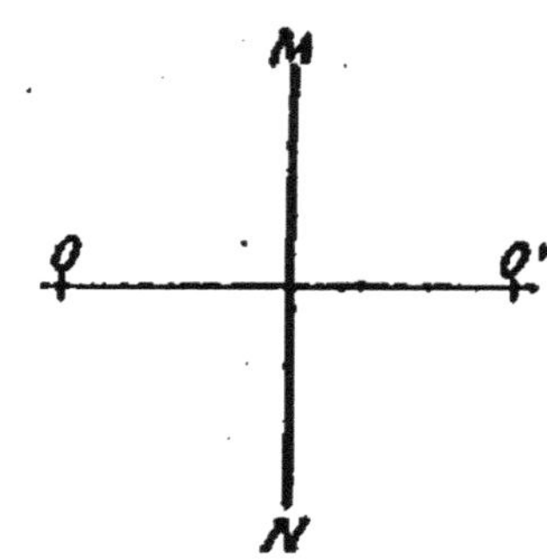

Supposons en effet un centre de vibration O produisant un son dans un milieu indéfini : il donnera naissance à des ondes sonores sphériques concentriques. Si ces ondes rencontrent un obstacle MN, il se produira une série d'ondes réfléchies qui chemineront en sens contraire des ondes directes ; elles se comporteront comme si elles émanaient du point O', symétrique de O par rapport à MN. Le point O' est dit l'*image sonore* du point O.

Le même phénomène se produit en optique.

Qu'entend-on par écho et résonance ?

L'*écho* est la répétition d'un son déjà entendu, par la réflexion contre un obstacle, des vibrations sonores qui ont produit le son. Le son réfléchi est toujours en retard sur le son direct ; cela tient à ce qu'il doit parcourir un chemin plus long pour arriver à un point quelconque. D'autre part, on admet que pour distinguer deux sons successifs, il faut que ceux-ci soient séparés par au moins 1/10 de seconde. Or, en 1/10 de seconde le son parcourt 34 mètres ; dès lors un son direct et le son réfléchi ne pourront être distincts qu'autant que l'obstacle donnant lieu à l'écho sera à une distance d'au moins 17 mètres, de l'observateur.

Si la distance à la surface réfléchissante est inférieure à 17 mètres, le son direct et le son réfléchi tendront à se confondre et le premier se trouvera simplement renforcé : on dit qu'il y a *résonance*.

Que savez-vous sur le phonographe ?

Le *phonographe* est un appareil imaginé par Edison, en 1878, et qui permet de reproduire au bout d'un temps quelconque, les sons musicaux où les paroles qu'on a prononcées dans son voisinage.

Dans les phonographes actuels, les vibrations s'inscrivent sur des manchons en cire dure ; ces manchons peuvent s'emboîter sur un cylindre de cuivre qu'un moteur électrique anime d'un mouvement de rotation uniforme.

La tête d'un stylet reproducteur pénètre dans les petits trous présentés par la surface du manchon et les vibrations sont transmises à notre oreille par un tube acoustique à travers une membrane très sensible.

Qualités physiologiques : intensité, hauteur, influence du mouvement relatif de la source et de l'observateur.

Quelles sont les circonstances qui influent sur l'intensité d'un son ?

1° Un son s'affaiblit de plus en plus à mesure qu'on s'éloigne du corps qui le produit.

On démontre que l'intensité du son varie en raison inverse du carré de la distance au corps sonore.

Tout le monde sait d'ailleurs qu'un son paraît de plus en plus sonore quand la vibration se transmet en tous sens.

On remarque que dans un tube cylindrique le son se propage en s'affaiblissant beaucoup moins qu'à l'air libre. De là l'usage des *tubes acoustiques*.

En parlant à l'orifice évasé d'un tronc de cône dont l'orifice rétréci se trouve dans l'oreille, l'intensité du son est fortement augmentée pour l'auditeur ; d'où l'emploi des *porte-voix* et des *cornets acoustiques*.

2° L'intensité du son décroît en même temps que la pression du gaz dans lequel il se propage. Ainsi, au Mont-Blanc, la détonation d'un pistolet n'est guère plus bruyante que celle d'un pétard.

3° L'intensité du son est plus grande dans les gaz plus lourds ; à pression égale, l'intensité d'un son sera plus grande dans l'anhydride carbonique que dans l'hydrogène.

Quelles sont les circonstances qui influent sur la hauteur d'un son ? Comment mesure-t-on la hauteur d'un son ?

La hauteur d'un son dépend du nombre de vibrations exécutées pendant l'unité de temps. Quels que soient les instruments qui les produisent, des sons qui ont même hauteur correspondent à un même nombre de vibrations par seconde. On dit que deux sons sont *à l'unisson*, lorsqu'ils ont la même hauteur.

On peut donc caractériser la hauteur d'un son par le nombre de ses vibrations par seconde. On peut, pour cela, se servir de la méthode graphique et inscrire sur le tambour enduit de noir de fumée (voir précédemment) les vibrations sonores ; cette expérience se fait facilement si l'on fait vibrer un diapason. Dans le cas où il est impossible d'''inscrire ainsi les vibrations des corps sonores, on emploie des instruments *à sons variables* disposés de façon qu'on puisse compter leurs vibrations. On les fait résonner pendant quelques secondes *à l'unisson* du son proposé et on note le nombre de vibrations effectuées pendant ce temps. Ce nombre est égal à celui qui correspond pendant le même temps au son étudié. Les instruments utilisés sont la *Sirène de Seebeck* et la *Sirène de Cagniard-Latour*.

Quelle est la limite des sons perceptibles ?

Le son le plus grave qu'on puisse entendre a 16 vibrations par seconde ; le son le plus aigu a 36.500 vibrations par seconde, d'après Despretz.

Quelle est l'influence du mouvement relatif de la source et de l'observateur sur la hauteur d'un son ?

Si un observateur reste constamment à la même distance d'un centre sonore, les ondes l'atteignent successivement à des intervalles de temps égaux et la note perçue par l'observateur est à l'unisson de celle qu'émet la source sonore. Il n'en est plus de même quand l'observateur se déplace : s'il se rapproche de la source vibrante, il va au devant des ondes et pendant le même temps en rencontre davantage que s'il restait immobile : il entend alors une note plus haute, s'il s'éloigne, il fuit devant les ondes, qui mettent plus de temps à l'atteindre et il perçoit alors une note plus basse.

Intervalles musicaux : gammes

Qu'appelle-t-on intervalle musical de deux sons ?

On appelle *intervalle musical* de deux sons le rapport du nombre de vibrations de ces sons pendant le même temps.

Une mélodie (c'est-à-dire le caractère musical de plusieurs sons) est caractérisée, non par la hauteur absolue des sons qui la constituent, mais par les intervalles musicaux.

Quand dit-on qu'un son est à l'octave d'un autre ?

On dit que deux sons sont à l'octave l'un de l'autre, quand l'un des sons a deux fois plus de vibrations que l'autre dans le même temps, c'est-à-dire quand leur intervalle musical est 2.

On appelle *seconde* ou *ton majeur* l'intervalle $\frac{9}{8} = \left(\frac{3^2}{2^3} \right)$ et *demi-ton* un intervalle plus voisin de l'unité qui est égal à $\frac{2^8}{3^5}$.

Qu'est-ce que la gamme ?

La *gamme* est une mélodie type formée de sept sons appelés *notes*, de plus en plus aigus tels que l'intervalle qui existe entre un son et le suivant soit un ton ou un demi-ton ; à la suite d'une première gamme en vient une deuxième, puis une troisième, etc. ; les notes d'une gamme étant à l'octave des notes de même ton de la gamme précédente. Chaque note a reçu un nom particulier (ut, ré, mi, fa, sol, la, si, ut).

Cordes vibrantes : harmoniques. Résonnateurs. tuyaux sonores. Timbre des sons

Que savez-vous sur les cordes vibrantes ?

Quand une corde est tendue entre deux points fixes elle a une direction rectiligne dans sa position d'équilibre ; si on vient à l'écarter de cette position en la pinçant ou en l'attaquant avec un archet, la corde abandonnée à elle-même exécute autour de sa position d'équilibre une série d'oscillations. Quand celles-ci sont assez rapides on entend un son. Le nombre des vibrations qu'exécute, en une seconde, une corde tendue par un poids est donné par la formule :

$$n = \frac{1}{2rl}\sqrt{\frac{Pg}{\pi d}} \ .$$

$2r$ désigne le diamètre de la corde, P le nombre de grammes du poids tenseur, d la densité de la corde.

On voit que le nombre de vibrations par seconde est inversement proportionnel à la longueur de la corde, au rayon r et à la racine carrée de la densité de la corde ; qu'il est directement proportionnel à la racine carrée du poids tenseur.

On vérifie ces lois à l'aide d'un appareil spécial appelé *sonomètre*. Elles s'appliquent à une corde qui vibre dans toute sa longueur et rend le son fondamental.

Qu'appelle t-on harmoniques ?

On appelle *harmoniques* d'un son fondamental des sons qui présentent avec celui-ci un intervalle musical égal à 2, 3, 4, 5, etc.

Une corde peut rendre un son fondamental et ses différents harmoniques. Ainsi, si l'on rend fixe le milieu de la corde et si on attaque l'une des moitiés, les deux moitiés de la corde vibrent simultanément et rendent l'octave aiguë (1er harmonique) du son fondamental. En arrêtant le chevalet au 1/3, ou au 1/4, etc., et en attaquant chaque fois la partie de la corde, on obtient successivement le 2e, le 3e harmonique, etc. Dans ces vibrations, on dit que les points fixes de la corde constituent des *nœuds* et les parties renflées, des *ventres*.

Qu'appelle-t-on résonnateurs ?

On a donné le nom de *résonnateurs* aux corps creux qui sont capables de renforcer un son.

Ainsi, si l'on fait vibrer un diapason au-dessus d'un long tube de verre dont une extrémité plonge dans l'eau, en général on n'y observe pas d'abord de renforcement ; mais si l'on enfonce peu à peu le tube dans l'eau, de manière à diminuer la longueur de la colonne d'air du tube, il arrive un moment où le son du diapason est très notablement renforcé.

Les résonnateurs sont généralement des sphères de métal munies de deux ouvertures, l'une assez grande que l'on dispose vis-à-vis du corps sonore, l'autre effilée que l'on peut introduire dans l'oreille. Cette forme de tuyau jouit d'une propriété, c'est que chacun de ces instruments ne peut renforcer qu'un son, d'après les dimensions qu'on lui a données.

On les emploie à analyser les sons, c'est-à dire à rechercher tous les sons harmoniques qui peuvent se trouver dans un son donné.

Qu'entend-on par tuyaux sonores ?

Les *tuyaux sonores* sont des résonnateurs capables de renforcer un certain son fondamental et des harmoniques déterminés par ce son. Ils se divisent en tuyaux à bouche et en tuyaux à anche.

Dans les tuyaux *à bouche*, l'air d'une soufflerie arrive par le pied, passe par la lumière, puis se brise contre le bord taillé en biseau (lèvre supérieure) d'une ouverture transversale (bouche). Sous l'influence de ce courant d'air, la colonne d'air du tuyau reçoit une succession rapide d'impulsions périodiques qui produisent un son.

Dans les tuyaux *à anche*, les sorties périodiques de l'air sont réglées à l'aide d'une languette élastique. Si la languette rase les bords de l'ouverture sans la toucher, l'anche est dite libre ; si elle est plus large que l'ouverture et vient en frapper les bords en vibrant, elle est dite battante. Dans les deux cas une rosette sert à limiter la longueur de la partie vibrante.

Que savez-vous sur le timbre des sons ?

Des vibrations de même amplitude et de même

durée, donnant lieu par conséquent à des sons de même intensité et de même hauteur peuvent produire sur l'oreille un effet différent, si le tracé graphique de ces vibrations n'est pas identique. On dit alors que le *timbre* de ces sons n'est pas le même.

C'est ce qui a lieu en général quand ils sont produits par des instruments différents : le timbre nous fait souvent reconnaître l'instrument qui a produit le son.

OPTIQUE

Hypothèse des vibrations lumineuses : période

Comment explique-t-on la production et la propagation de la lumière ?

La *lumière* est une des manifestations d'un mouvement vibratoire. Les corps lumineux, de même que les corps sonores, sont le siège de mouvements vibratoires très rapides, qui se transmettent jusqu'à la rétine par l'intermédiaire d'un milieu élastique. Comme la lumière traverse le vide, ce que ne fait pas le son, on est obligé d'admettre l'existence d'un milieu impondérable répandu partout, dans le vide comme dans l'air, et pénétrant tous les corps. Ce milieu hypothétique, qui propage ainsi le mouvement vibratoire donnant naissance à la lumière, a reçu le nom d'*éther*.

La vitesse de propagation des vibrations lumineuses est beaucoup plus grande que celle des vibrations sonores ; elle est d'environ 300.000 km. par seconde. Malgré cette énorme vitesse de propagation, les vibrations lumineuses sont tellement rapides que leur *longueur d'onde* est excessivement petite.

La période de ces vibrations s'obtient en divisant la longueur d'onde correspondante par la vitesse de propagation ; cette période est très courte.

A chaque couleur correspond un nombre déterminé de vibrations, on peut donc comparer la couleur à la hauteur en acoustique.

Qu'appelle-t-on corps lumineux ?

On appelle corps lumineux tout corps capable de dissiper l'obscurité en impressionnant la rétine.

Qu'entend-on par corps opaques, transparents, translucides ?

Un corps qui ne laisse pas traverser la lumière est dit *opaque* (bois, métal). Un corps qui se laisse traverser par la lumière, mais qui ne permet pas de distinguer les objets placés derrière lui est dit *translucide* (verre dépoli).

Un corps qui permet de distinguer les objets placés derrière lui est dit *transparent* (verre poli, eau).

Comment se propage la lumière ? Qu'appelle-t-on rayon lumineux ?

Dans tout milieu homogène, la lumière se propage *en ligne droite*. Ce principe se vérifie en observant la pénétration de la lumière solaire dans une chambre obscure par une petite ouverture.

On appelle *rayon lumineux* la ligne suivant laquelle il faudrait disposer les petites ouvertures d'un écran pour laisser passer la lumière. Un ensemble de rayons issus d'un même point est un *faisceau* ; les rayons qui constituent ce faisceau peuvent être divergents ou parallèles ou rendus convergents par une lentille.

Qu'entend-on par ombre et pénombre ?

Supposons une source lumineuse réduite à un point S, l'ombre portée par une sphère opaque sera limitée par un cône (cône d'*ombre*) engendré par une droite passant par S et se mouvant en s'appuyant constamment sur le pourtour du corps opaque. Une source lumineuse réelle, pouvant être considérée comme formée d'une infinité de points lumineux, donne lieu à une infinité de cônes d'ombre. La partie commune à tous ces cônes d'ombre est l'ombre complète ; la partie commune à certains cônes d'ombre, mais non à tous les cônes, constitue *la pénombre*.

La théorie des ombres permet d'expliquer le phénomène des *éclipses*.

Comparaison expérimentale
des intensités de deux sources lumineuses

Qu'appelle-t-on intensité d'une source lumineuse ?

On appelle *intensité* d'une source lumineuse la quantité de lumière qu'elle envoie normalement sur l'unité de surface à l'unité de distance.

Quand dit-on que deux sources ont la même intensité ?

On dit que deux sources ont la même intensité si elles éclairent également, à l'unité de distance, deux surfaces égales recevant les rayons normalement. C'est l'œil qui juge de l'égalité de l'éclairement.

Qu'appelle-t-on photométrie ?

On appelle photométrie la partie de l'optique qui s'occupe de la mesure des intensités, et *photomètres* les appareils qui servent à faire ces mesures.

Sur quelles propriétés est fondée la méthode que l'on emploie pour mesurer le rapport des intensités de deux sources lumineuses ?

1° D'abord sur la loi de Képler qui s'énonce ainsi :

L'éclairement, produit par une source sur un écran qui reçoit normalement les rayons lumineux, varie en raison inverse du carré de la distance de la source à l'écran.

2° Sur ce que le rapport des intensités de deux sources est égal au carré du rapport des distances auxquelles il faut placer les deux sources pour avoir le même éclairement sur un écran qui reçoit normalement les rayons lumineux :

$$\frac{I}{D^2} = \frac{I'}{D'^2}$$

d'où

$$\frac{I}{I'} = \frac{D^2}{D'^2}$$

Quels sont les photomètres les plus employés ?

1° Le photomètre de Foucault dans lequel les deux sources lumineuses éclairent chacune la moitié d'un écran translucide placé au fond d'une caisse noircie et divisée en deux parties égales par une cloison opaque. On règle les distances des sources à l'écran de manière que les deux moitiés de l'écran soient également éclairées ;

2° Le photomètre de Bunsen, dans lequel les deux sources sont placées de part et d'autre d'une tache grasse qui disparaît lorsque les éclairements sur le papier qui la porte sont égaux.

Lois de la réflexion. Miroirs : Marche des rayons lumineux

Qu'entend-on par diffusion et réflexion ?

Quand la surface de séparation du milieu que vient de traverser un rayon lumineux et d'un autre milieu est mate la lumière est renvoyée dans toutes les directions ; ce phénomène porte le nom de *diffusion*. C'est grâce à la diffusion que les corps éclairés sont visibles Quand la surface de séparation est polie, la lumière provenant du *rayon incident* est renvoyée suivant un rayon (*rayon réfléchi*) ; on donne le nom de *réflexion* à ce phénomène.

Qu'appelle-t-on miroir plan ?

On appelle *miroir plan* toute surface plane réfléchissante.

Quelles sont les lois de la réflexion ? Quelle est la nature de l'image d'un objet placé devant un miroir plan ?

Les lois de la réflexion sont les suivantes :

1° *Le rayon réfléchi est dans le plan d'incidence* ;

2° *L'angle de réflexion égale l'angle d'incidence.*

On peut démontrer ces lois au moyen de l'appareil de Silbermann. Les lois de la réflexion montrent qu'un miroir plan doit donner d'un objet une *image virtuelle* symétrique de l'objet lui-même par rapport au plan du miroir.

On appelle *image virtuelle* toute image formée par les prolongements des rayons réfléchis ; elle ne peut pas être reçue sur un écran.

Qu'appelle-t-on miroir sphérique ?

On donne le nom de *miroir sphérique* à un miroir dont la surface est une portion de sphère. Un miroir sphérique peut être *concave* ou *convexe* suivant que le centre de courbure est situé en avant du miroir par rapport à la direction des rayons incidents, ou en arrière.

Le *centre* C et le *rayon* r (de courbure) du miroir sont le centre et le rayon de la sphère ; son *sommet* O est le pôle de calotte sphérique considérée. Le diamètre de la sphère passant au sommet est *l'axe principal*; les autres diamètres sont des axes secondaires. Enfin on suppose essentiellement que *l'ouverture du miroir* est très petite (5 degrés environ).

Quelle est la marche des rayons lumineux dans les miroirs sphériques concaves ?

Nous considérons : 1° le cas où les rayons lumineux sont parallèles à l'axe principal (cas de la lumière solaire) ; 2° le cas où les rayons lumineux ne sont pas parallèles à l'axe principal.

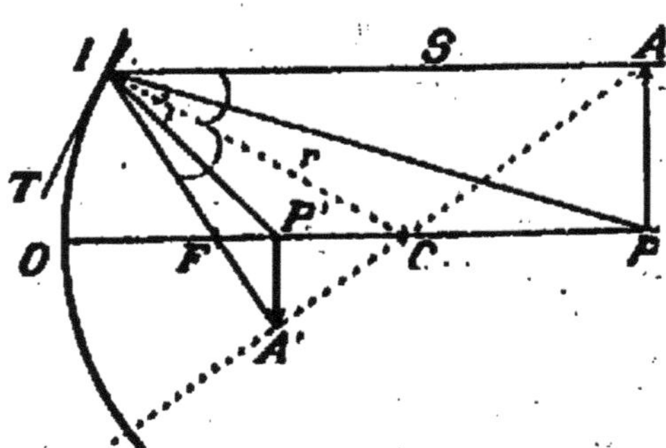

1er *Cas.* — *Un rayon lumineux* SI *parallèle à l'axe principal* tombant en I sur le miroir se réfléchit suivant la loi générale en faisant avec la normale IC (rayon du miroir) des angles d'incidence SIC et de réflexion CIF égaux ; le rayon réfléchi coupe l'axe principal en F ; ce point F est appelé *foyer* du miroir. On démontre qu'on a sensiblement :

$$OF = FC = \frac{R}{2},$$

ou en posant OF = *f* (distance focale) :

$$f = \frac{R}{2}$$

Les rayons passant au foyer principal peuvent y être reçus sur un écran ; le foyer et toutes les images qui jouissent de cette propriété sont dits *réels*.

Réciproquement, tous les rayons émis par un point lumineux placé en F se réfléchissent parallèlement à l'axe principal.

2ᵉ *Cas (Rayons non parallèles à l'axe principal).*
A. *Le point est sur l'axe principal.* — Considérons un point lumineux P situé sur l'axe principal, PI un rayon quelconque émis par lui, IA' le rayon réfléchi et P' le point où ce rayon rencontre l'axe principal ; les points P et P' sont réciproques l'un de l'autre ; ce sont des *points conjugués*.

Ils coïncident quand le point P est placé au centre de courbure. Si le point P est placé entre le miroir et son foyer, son conjugué est virtuel ; il est derrière le miroir.

Si l'on pose : OP $= p$, OP' $= p'$ et OF $= f$, on démontre qu'on a la relation :

$$\frac{1}{p} + \frac{1}{p'} = \frac{1}{f}$$

d'où l'on tire :

$$p' = \frac{f}{1 - \dfrac{f}{p}} \cdot$$

Si dans cette expression on fait varier p de $- \infty$ à $+ \infty$ en passant par les valeurs $2f$ et f, on a les valeurs correspondantes de p'.

B. *Point en dehors de l'axe principal.* — Si le point lumineux A est en dehors de l'axe principal, son conjugué, A' se trouve sur l'axe secondaire

AA' passant par le point P. Le point A' est à l'intersection de cet axe secondaire et du rayon réfléchi correspondant à un rayon partant de A et parallèle à l'axe principal.

C. *Image d'une droite lumineuse.* — On voit que l'image d'une droite telle que PA s'obtiendra en menant l'axe secondaire AA' passant par l'extrémité de la droite et en cherchant comme précédemment le conjugué du point A. On abaisse ensuite la perpendiculaire A'P' sur l'axe principal.

En appelant *o* la grandeur de l'objet PA, et *i* la grandeur de l'image P'A', on démontre que l'on a toujours :

$$\frac{i}{o} = \frac{p'}{p} \cdot$$

Les images sont réelles et renversées tant que l'objet est situé au delà du foyer principal ; elles sont virtuelles et droites quand l'objet est entre le miroir et son foyer.

Qu'appelle-t-on miroirs sphériques convexes ?

Les miroirs sphériques sont dits *convexes* quand leur surface externe est la surface réfléchissante.

Quelle est la marche des rayons lumineux dans un miroir sphérique convexe ?

Il faut remarquer d'abord que le foyer principal est virtuel ; il est situé derrière le miroir.

Un miroir *convexe* donne d'un objet une image *virtuelle, droite, plus petite* que l'objet ou au plus égale à lui.

On démontre que la relation, qui existe entre les distances au sommet du miroir de l'objet et de l'image, est :

$$\frac{1}{p} - \frac{1}{p'} = -\frac{1}{f}.$$

On a aussi :

$$\frac{i}{o} = \frac{p'}{p}.$$

L'image donnée par un miroir convexe d'un point, ou d'un objet, s'obtient par une construction analogue à celle indiquée pour les miroirs concaves. Il faut se rappeler que tout rayon incident parallèle à un axe donne un rayon réfléchi dont le *prolongement* passe par le foyer situé sur cet axe.

Lois de la réfraction : réflexion totale
Lame à faces parallèles

Qu'entend-on par réfraction ?

Lorsqu'un rayon lumineux rencontre obliquement la surface polie d'un corps transparent, une partie de la lumière pénètre dans ce corps en suivant une direction différente de celle du rayon incident. Ce phénomène est appelé *réfraction*. L'angle que forme, avec la normale à la surface au point d'incidence, le rayon réfracté s'appelle *angle de réfraction*.

Quelles sont les lois de la réfraction ?

Les lois de la réfraction, ou lois de Descartes, sont les suivantes :

1° *Le rayon réfracté est dans le plan d'incidence ;*

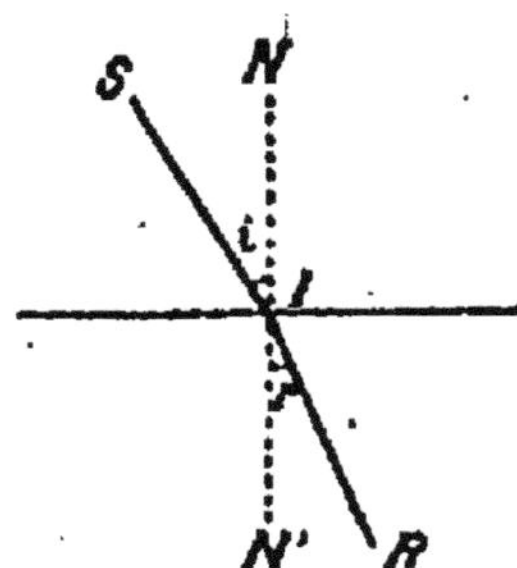

2° *Il existe un rapport constant entre le sinus de l'angle d'incidence et le sinus de l'angle de réfraction.* Ce rapport *n* est *l'indice de réfraction* du second milieu par rapport au premier $\left(\dfrac{\sin i}{\sin r} = n. \right)$

Ces lois peuvent se vérifier au moyen de l'appareil de Silbermann.

Quand dit-on qu'un milieu est plus ou moins réfringent ? Qu'appelle-t-on réflexion totale ?

On dit qu'un milieu est *plus réfringent* qu'un autre quand on a $n > 1$ (passage de l'eau dans l'air) ; on voit que si $i = 90°$, on a $\sin i = 1$ et

$$\sin r = \frac{1}{n}.$$

On dit qu'un milieu est *moins réfringent* qu'un autre quand on a $n < 1$ (passage d'un rayon lumineux de l'eau dans l'air). Dans ce cas, le rayon réfracté s'écarte de la normale et l'angle de réfraction croissant plus vite que l'angle d'incidence, il arrive un moment où celui-ci atteint une valeur i_1 pour laquelle l'angle de réfraction est égal à 90°.
On a alors $\sin i_1 = \dfrac{1}{n}$. Dans ce dernier cas, quand l'angle d'incidence dépasse *l'angle limite* i_1 il n'existe plus de rayon réfracté, il y a *réflexion totale*.

Citez quelques phénomènes dus à la réfraction.

Grâce à la réfraction, un objet tel qu'une pièce de monnaie paraît plus près de la surface qu'il ne l'est réellement ; un bâton paraît brisé à l'endroit où il pénètre dans le liquide ; les astres nous paraissent visibles quand ils sont à une petite distance au-dessous de l'horizon.

Quelle est la marche d'un rayon lumineux à travers une lame à faces parallèles.

Quand un rayon lumineux traverse une lame transparente à faces parallèles, le rayon émergent est parallèle au rayon incident. Le rayon émergent est déplacé latéralement par rapport au rayon incident d'autant plus que la lame est plus épaisse et l'incidence plus oblique ; le déplacement est nul pour l'indice normal.

Prismes, lentilles

Qu'appelle-t-on prisme ?

On désigne, en optique, sous le nom de *prisme* un corps transparent limité par deux plans qui forment un angle dièdre ; l'angle et l'arête de ce dièdre sont appelés *angle* et *arête* du prisme.

Un prisme a pour effet de dévier vers sa base un rayon lumineux qui le traverse.

Soit en effet SI un rayon lumineux situé dans le plan de la section principale d'un prisme ; suivant les lois de la réfraction, il y pénètre en se rapprochant de la normale IB, et il émerge en I'D en s'écartant de la normale III (voir fig. page 76).

Quelles sont les formules du prisme ?

Il y a quatre formules du prisme :

$$1° \qquad \sin i' = n \sin r \,;$$
$$2° \qquad \sin i' = n \sin r' \,;$$
$$3° \qquad r + r' = A.$$

En effet, dans le quadrilatère AICI', les angles en I et I' sont droits, il s'ensuit que A + C sont supplémentaires. Mais dans le triangle II'C', $(r + r')$ et C sont supplémentaires ; donc A et $(r + r')$ qui ont le même supplément sont égaux.

$$4° \qquad D = i + i' - A.$$

En effet D, extérieur au triangle IKI', est égal à KII' + KI'I c'est-à-dire à $(i - r) + (i' - r')$; on peut donc écrire :

$$D = i + i' - (r + r')$$

d'où :

$$D = i + i' - A.$$

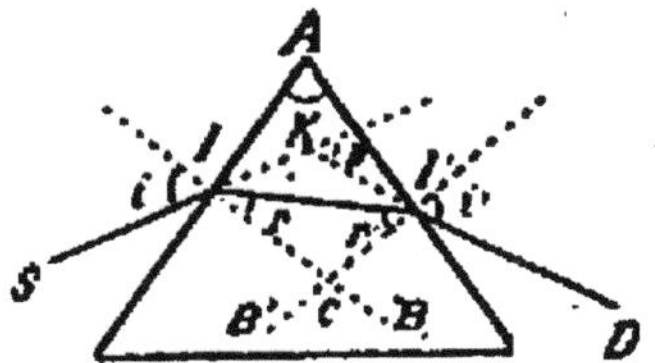

De quoi dépend l'angle de déviation du prisme ?

La déviation D dépend : 1° de l'angle A du prisme ; elle croît en même temps que lui, on le démontre au moyen du prisme à angle variable ; 2° de l'indice de réfraction n de la substance, on le démontre avec le polyprisme ; 3° de l'angle d'incidence i, elle passe par un minimum pour $i = i'$; on a alors $r = r'$.

Qu'appelle-t-on prismes à réflexion totale ?

Ce sont des prismes en verre qui ont pour section droite un triangle rectangle isocèle ; un rayon lumineux qui tombe normalement sur la première face (côté de l'angle droit), entre sans déviation et, en arrivant sur l'hypoténuse, il fait un angle de 45°, supérieur à l'angle limite (42° pour le crown), il subit donc la réflexion totale et sort normalement à la base du prisme sans déviation.

Qu'appelle-t-on lentilles ? Lentilles convergentes et divergentes ?

On appelle *lentille* un corps transparent limité par deux portions de sphère. La droite qui joint les centres des deux sphères s'appelle *axe principal*; tout plan passant par l'axe principal est appelé *section principale* Les lentilles plus épaisses au milieu que sur les bords font converger les rayons qui tombent parallèlement à l'axe principal (*lentilles convergentes*); les lentilles moins épaisses au milieu que sur les bords font diverger les ray: s qui tombent parallèlement à l'axe principal (*lentilles divergentes*).

Qu'entend-on par centre optique dans une lentille ?

Le *centre optique* est un point tel que tout rayon lumineux qui passe par ce point ne subit pas de déviation ; le rayon émergent est parallèle au rayon incident. Si l'épaisseur de la lentille est négligeable, le déplacement est négligeable, le centre optique est à l'intersection de la lentille avec l'axe, et le rayon qui passe par ce point continue sa marche en ligne droite. Le centre optique correspond donc au centre de courbure et au sommet dans les miroirs : toute droite passant par ce point est un *axe secondaire*.

Quelle est la marche des rayons lumineux dans une lentille convergente ?

1° *Rayon parallèle à l'axe p. incipal.* — Pour

établir la théorie élémentaire des lentilles, on suppose qu'elles sont infiniment minces et qu'elles reçoivent des rayons centraux. Elles se comportent comme une série de prismes.

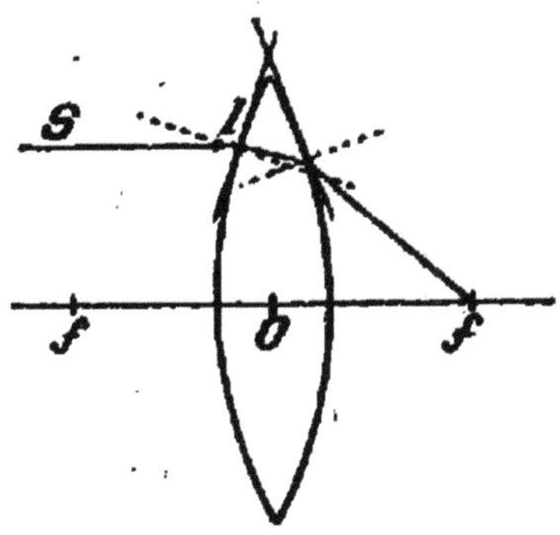

Lorsqu'une lentille convergente reçoit des rayons parallèles tels que SI, ils vont tous converger, après réfraction, en un point unique situé sur l'axe principal ; ce point est un *foyer principal*. Comme les rayons parallèles peuvent tomber sur une face quelconque de la lentille, il y a deux foyers principaux situés de part et d'autre, à la même distance de la lentille.

2° *Rayons lumineux non parallèles à l'axe principal.*

Soit P un point lumineux situé sur l'axe principal, au delà de *f*, PI un rayon quelconque ; ce dernier ira, après réfraction, couper l'axe principal en P' qui sera l'image réelle de P. Réciproquement s'il existe un point lumineux en P', la lentille donnera une image réelle en P ; les points P et P' sont deux *foyers conjugués* (fig. page 79).

Comme pour les miroirs, on démontre qu'on a la relation :

$$\frac{1}{p} + \frac{1}{p'} = \frac{1}{f}$$

et

$$\frac{i}{o} = \frac{p}{p'}$$

avec la même convention de donner le signe $+$ à p, p' et f quand ils correspondent à des points de concours réels, le signe $-$ quand ils correspondent à des points de concours virtuels.

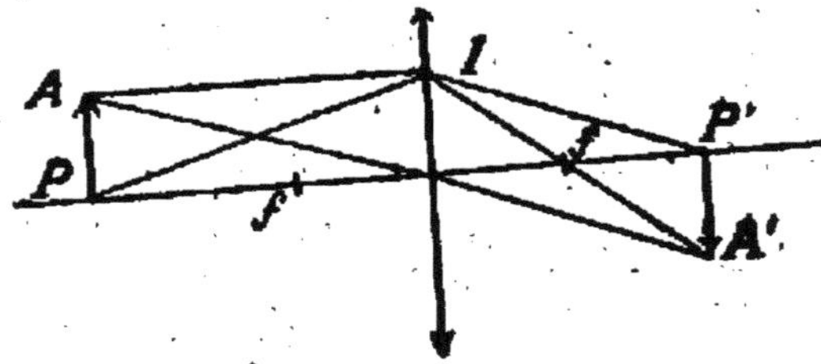

Une lentille convergente donne une image *réelle* et *renversée* des objets tels que AP placés en avant du plan focal. Elle donne d'un objet placé entre le plan focal et la lentille une image *virtuelle, droite*, plus grande que l'objet ou au moins égale à lui (quand $p = 2f$).

Qu'appelle-t-on puissance d'une lentille ? Qu'entend-on par dioptries ?

On appelle *puissance* ou encore *convergence* d'une lentille l'inverse de sa distance focale $\left(P = \dfrac{1}{f}\right)$.

En mesurant la distance focale en mètres, la puissance est donnée en *dioptries*.

Quelle est la marche des rayons lumineux dans une lentille divergente ?

Quand des rayons lumineux parallèles à l'axe principal rencontrent une lentille divergente, après réfraction ils s'écartent de l'axe principal et les prolongements des rayons réfractés se coupent en un point situé du côté d'où est venue la lumière. Ce point est un *foyer principal virtuel.* Les deux foyers principaux d'une lentille divergente sont virtuels.

Une lentille divergente donne d'un objet une image *virtuelle, droite, plus petite que l'objet* ou au plus égale à lui, située (du côté de l'objet) entre le plan focal et la lentille.

Les formules $\dfrac{1}{p} - \dfrac{1}{p'} = -\dfrac{1}{f}$ · et $\dfrac{i}{o} = \dfrac{p'}{p}$ étant identiques à celles du miroir sphérique convexe, les lentilles divergentes jouissent des mêmes propriétés que ces miroirs : en posant $p' = \dfrac{f}{1 + \dfrac{f}{p}}$

et faisant varier p de $+\infty$ à $-\infty$, on a les valeurs correspondantes de p'.

Etude optique de l'œil. Loupe. Lunette. Microscope

Que savez-vous sur l'œil? Comment se forment les images sur la rétine?

L'œil est constitué par un ensemble de milieux transparents (*cornée transparente, humeur aqueuse, humeur vitrée et cristallin*) qui se comporte comme un système convergent dont le centre optique serait à une petite distance de la face postérieure du cristallin. Si l'on considère un objet lumineux placé à une distance convenable, il se forme sur la rétine une image qui est *renversée et plus petite que l'objet* (La *rétine* est une membrane d'une extrême ténuité, dans laquelle s'épanouit le nerf optique qui pénètre par la partie postérieure de l'œil et qui transmet à l'encéphale la sensation lumineuse).

Malgré le renversement des images, les éléments nerveux de la rétine et du nerf optique sont doués de propriétés physiologiques telles que nous voyons les objets dans leur situation véritable.

En quoi consiste l'accommodation?

Pour que l'image qui se forme sur la rétine soit *nette au point* quelle que soit la distance p des objets, il faut, d'après la formule :

$$\frac{1}{p} + \frac{1}{p'} = \frac{1}{f},$$

que f varie, puisque p' est constant. Cette variation

est produite par un changement de courbure du cristallin et constitue l'*accommodation*.

La faculté d'accommodation cesse pour les distances inférieures à 15 centimètres (*minimum de vision distincte*). En général (*œil normal*) elle subsiste pour les distances les plus grandes (*vision à l'infini*).

Qu'entend-on par myopie et presbytie ? Comment corrige-t-on les défauts optiques de l'œil ?

Un œil est *myope* lorsqu'il ne peut voir nettement les objets placés au delà d'une certaine distance qu'on appelle *distance maxima de la vision distincte* ; la distance minima est moindre que pour un œil normal. La myopie est due à une trop grande convergence du système optique de l'œil : on y remédie en plaçant devant l'œil une lentille *divergente* qui substitue à l'objet réel une image virtuelle bien plus rapprochée.

Un œil *presbyte* se distingue d'un œil normal, en ce que la distance minima de la vision distincte est supérieure à 15 centimètres. La presbytie est un défaut d'accommodation qui est dû à l'affaiblissement du muscle ciliaire et croît régulièrement avec l'âge. On corrige ce défaut par l'emploi de lentilles biconvexes dont la théorie essentielle est celle de la loupe.

Qu'appelle-t-on diamètre apparent d'un objet ?

On appelle diamètre apparent d'un objet linéaire AB, à une distance déterminée de l'œil, l'angle AOB formé par les droites menées du centre optique O de l'œil aux extrémités A et B de l'objet : la dimension de l'image rétinienne *ab* est proportionnelle à cet angle.

Que savez vous sur la loupe ?

La *loupe* est une lentille convergente qui, donnant une image virtuelle d'un petit objet réel, le fait voir agrandi (c'est-à-dire sous un diamètre apparent plus grand).

L'objet étant placé en AP, entre la lentille et son foyer F, a une image A'P' virtuelle, droite et agrandie. En supposant, pour simplifier, le centre optique de l'œil confondu avec celui de la lentille, le diamètre apparent A'OP' est le même que celui de AP. Il est évident que sans le secours de la loupe, on ne pourrait placer l'objet en AP, à cause du minimum de vision distincte.

Qu'appelle t-on puissance d'une loupe ?

La *puissance* d'une loupe est caractérisée par la grandeur de l'angle sous lequel apparaît, dans

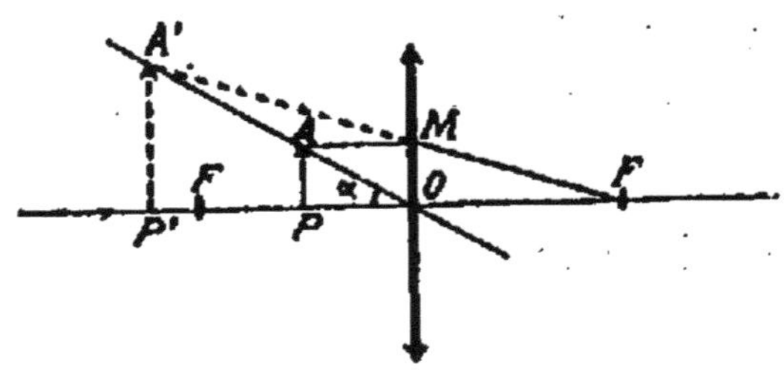

l'image, l'unité de longueur (prise sur l'objet mis au point). Or, dans la figure ci-contre, si l'on suppose $AP = 1$, et si l'on considère le centre optique de l'œil comme se confondant avec le foyer principal F de la lentille, on peut prendre pour mesure de l'angle A'FP' sa tangente, c'est-à-dire :

$$\frac{A'P'}{FP'} = \frac{MO}{OF} = \frac{1}{f} \cdot$$

La puissance d'une loupe est donc mesurée par un nombre P qui est l'inverse de sa distance focale principale :

$$\left(P = \frac{1}{f} \right) \cdot$$

Une loupe est donc d'autant plus puissante qu'elle est à plus court foyer.

Qu'appelle-t-on grossissement d'une loupe ?

On appelle *grossissement* d'une loupe le rapport des diamètres apparents sous lesquels un observateur voit les dimensions linéaires de l'image et de l'objet.

On peut donc écrire :

$$G = \frac{A'P'}{AP} = \frac{OP'}{OP} = \frac{p'}{p} ;$$

p et p' sont liés par la relation générale :

$$\frac{1}{p} + \frac{1}{p'} = \frac{1}{f} \cdot$$

Dans ce cas particulier on voit que p' est négatif ; de plus $p' = \delta$ (distance de vision distincte) ; on a donc :

$$\frac{1}{p} - \frac{1}{p'} = \frac{1}{f},$$

d'où l'on tire :

$$\frac{p'}{p} \text{ ou } \frac{\delta}{p} = 1 + \frac{\delta}{f} = G ;$$

il s'ensuit que le grossissement et la puissance ont des valeurs d'autant plus grandes que f est plus petit.

Qu'appelle-t-on microscope composé ?

Le microscope composé est un instrument d'optique destiné à faciliter la vision d'objets que leur petitesse ne permet pas d'observer à la loupe.

Quelles sont les parties essentielles d'un micros-cope composé ? Comment se forment les images ?

Une première lentille convergente M ou *objectif* donne une image réelle, renversée et agrandie A'P' d'un petit objet AP, placé dans ce but un peu au delà de son foyer F. Les rayons lumineux après avoir convergé en A'P' viennent rencontrer une deuxième lentille convergente N, ou *oculaire*. Cette lentille joue par rapport à A'P' le rôle de loupe et lui substitue une image virtuelle, droite et agrandie, en A''P'' (Voir figure page 86).

L'image observée à travers l'oculaire est donc renversée par rapport à l'objet.

L'oculaire et l'objectif sont fixés aux extrémités

d'un tube de laiton qu'on approche lentement de l'objet AB disposé et éclairé sur une petite plate-forme, appelée *porte-objet*. On *met au point* en

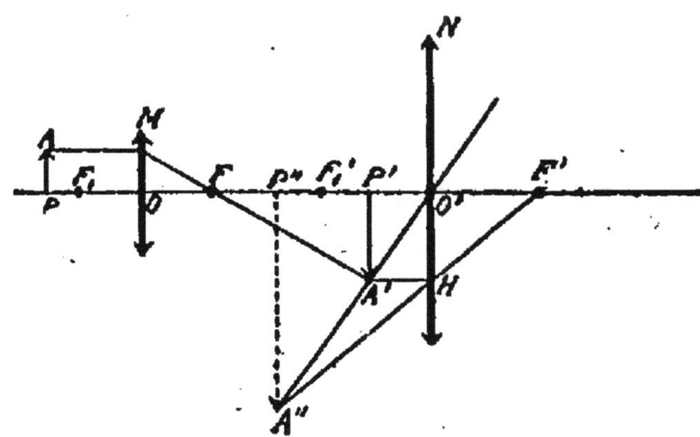

déplaçant le tube tout entier par rapport à l'objet, de manière que l'image virtuelle A″P″ vienne se former sensiblement à la distance minima de la vision distincte.

Comment définit-on la puissance et le grossissement d'un microscope ?

La puissance et le grossissement d'un microscope se définissent comme ceux de la loupe.

Si l'on considère le centre optique de l'œil comme placé au foyer principal F′ de l'oculaire, on a, en confondant l'angle A″ F′ P″ avec sa tangente :

$$\frac{A''P''}{FP''} = \frac{O'H}{O'F'} = \frac{A'P'}{f} \; ; \; (f = O'F').$$

Or dans le cas où AB = 1, A_1B_1 représente le

grossissement linéaire φ de l'objectif, et $\dfrac{1}{f}$ est la puissance (P_1) de l'oculaire f ; on a donc :

$$P = P_1 \times \varphi,$$

c'est-à-dire que la *puissance d'un microscope est égale au produit du grossissement de l'objectif, par la puissance de l'oculaire.*

Le *grossissement d'un microscope* est le produit de la puissance de ce microscope par la distance minima de vision distincte. On a en effet :

$$G = \frac{P}{\left(\dfrac{1}{D}\right)} = P \times D$$

et comme $P = P_1 \times \varphi$, c'est-à-dire $P = \dfrac{1}{f} \times \varphi$, on peut écrire :

$$G = \frac{1}{f} \times \varphi \times D = \frac{D}{f} \times \varphi.$$

$\dfrac{D}{f}$ représente sensiblement le grossissement de l'oculaire ; on peut donc dire aussi que le grossissement d'un microscope est égal au produit du grossissement de l'objectif par celui de l'oculaire.

Quelles sont les applications du microscope ?

Les microscopes conviennent d'une façon générale, pour toutes les recherches de botanique, minéralogie, pétrographie, chimie, etc. Leur construction varie avec l'usage auquel on les destine.

Les bons microscopes grand modèle ne donnent

guère un grossissement linéaire supérieur à 2,000.

On obtient cependant des grossissements beaucoup plus forts avec un nouvel appareil d'optique, imaginé par M. Chabrié. Dans cet appareil, appelé *diastoloscope*, l'oculaire du microscope est remplacé par un cône de cristal qui donne d'un objet une image déformée, mais qu'on peut rétablir exactement au moyen d'une construction géométrique. M. Chabrié a employé cet instrument à l'étude des déplacements microscopiques des objets lumineux.

Que savez-vous sur la lunette astronomique ?

La lunette astronomique sert principalement à l'étude des astres Elle se compose d'un objectif convergent M à grande surface et à long foyer F

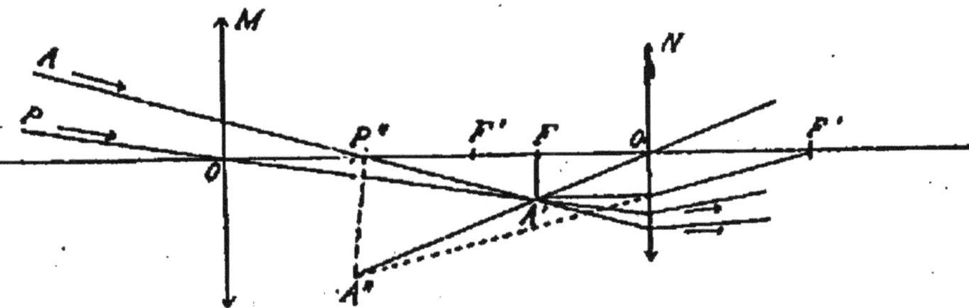

qui donne d'un objet éloigné AP une image réelle, renversée, située dans son plan focal F. Un oculaire à court foyer N, joue le rôle de loupe et donne une image virtuelle, renversée A"P" par rapport à l'objet. On met au point en déplaçant le tube qui porte l'oculaire à l'intérieur du tube porte-objectif.

Le grossissement est le rapport des diamètres apparents de l'image vue dans la lunette et de la dimension homologue de l'objet vu à l'œil nu ; il est égal à $\dfrac{F}{f}$, rapport des distances focales de l'objectif et de l'oculaire.

Que savez-vous de la lunette de Galilée ?

La lunette de Galilée permet d'obtenir des images droites des objets éloignés ; le redressement des images fournies par l'objectif est obtenu par une lentille divergente qui constitue l'oculaire. Cette disposition permet de réduire la longueur de l'instrument.

La figure ci-contre représente la marche des rayons lumineux dans cette lunette. On voit que l'objectif seul donnerait une image réelle A'P' située

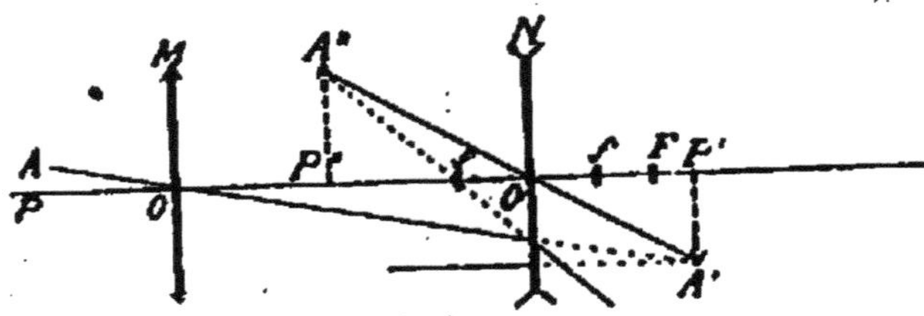

sensiblement dans son plan focal F. L'oculaire est disposé de façon que son foyer f soit situé un peu en avant du plan focal de l'objectif. Dans ces conditions, l'œil placé au delà de l'oculaire voit en A″P″ une image virtuelle, agrandie et renversée par rapport à l'image A'P', c'est-à-dire *droite* par rapport à l'objet lui-même.

La valeur limite du grossissement dans la lunette de Galilée, défini comme dans la lunette astronomique, est toujours $\dfrac{F}{f}$. En effet si l'on suppose l'œil au centre optique de l'oculaire, l'angle $A''O'P''$ peut être confondu avec sa tangente et l'on a :

$$\frac{A''P''}{O'P''} = \frac{A'P'}{O'P'} ,$$

ou enfin sensiblement :

$$\frac{A'P'}{O'P'} = \frac{A'P'}{f} .$$

L'angle AOP a de même pour mesure :

$$\frac{A'P'}{OP'}$$

c'est-à-dire sensiblement ;

$$\frac{A'P'}{F} ;$$

par suite :

$$G = \frac{F}{f} .$$

La lunette de Galilée s'emploie le plus souvent sous forme de *jumelles*, se composant de deux lunettes assujetties parallèlement.

Dispersion de la lumière. Spectroscope. Spectres des différentes sources lumineuses. Phosphorescence, fluorescence.

Comment explique-t-on le phénomène de dispersion de la lumière ?

Un faisceau de lumière blanche, contenu dans un plan perpendiculaire à l'arête d'un prisme, s'étale dans ce plan, après avoir traversé le prisme, en se nuançant d'une infinité de couleurs ; on donne à ce phénomène le nom de *dispersion*. Parmi ces couleurs, on distingue, dans l'ordre de succession, *le rouge, l'orangé, le jaune, le vert, le bleu, l'indigo et le violet*.

La lumière blanche est due à la superposition d'une infinité de couleurs simples diversement colorées et possédant un indice de réfraction différent, ce qui explique le phénomène de la dispersion. Newton a prouvé la justesse de cette explication en montrant : 1° que les couleurs du spectre sont indécomposables par le passage à travers un second prisme ; 2° qu'elles sont d'autant plus déviées par celui-ci qu'on s'écarte plus du rouge en se rapprochant du violet (expérience des prismes croisés) ; 3° que le mélange de toutes les couleurs du spectre donne de la lumière blanche (recomposition des couleurs du spectre avec une lentille convergente ou avec le disque rotatif de Newton).

Qu'entend-on par couleurs complémentaires ? Couleur d'un corps ?

Deux couleurs dont le mélange donne du blanc sont dites *complémentaires*. Le rouge a pour complémentaire le vert, et le jaune, le bleu.

Un corps qui diffuse en proportions différentes les diverses couleurs du spectre apparaît coloré de la teinte résultant du mélange des couleurs simples qu'il diffuse le plus quand il est éclairé par la lumière blanche. Un corps blanc diffuse en mêmes proportions toutes les couleurs du spectre. Un corps noir ne diffuse aucune couleur, les *absorbant* toutes.

De même, un corps transparent qui laisse passer en proportions inégales les diverses couleurs simples transforme en une lumière colorée la lumière blanche qui tombe sur lui.

Qu'entend-on par aberration de réfrangibilité ?

Le phénomène de la dispersion accompagnant la réfraction dans les lentilles aussi bien que dans les prismes, les images données par les lentilles sont irisées sur leurs bords. Ce défaut s'appelle *aberration de réfrangibilité*. On le corrige par l'emploi de deux lentilles accolées, formées de substances inégalement réfringentes (crown et flint) ; l'ensemble de ces deux lentilles constitue un *système achromatique*.

Comment obtient-on un spectre pur ? Qu'est-ce que le spectroscope ?

Le spectre obtenu en faisant tomber un faisceau de lumière blanche sur un prisme n'est pas une image véritable. Pour en avoir une, il faut interposer une lentille convergente entre le prisme et la fente par laquelle arrive la lumière. On voit ainsi que le spectre solaire n'est pas continu ; il est sillonné d'une multitude de raies obscures parallèles à l'arête du prisme.

On se sert généralement, pour l'étude des radiations des différents spectres, du *spectroscope*, qui est à peu près analogue à l'appareil précédent, mais qui comprend en outre une lunette astronomique pour observer le spectre et un micromètre divisé sur verre dont l'image se superpose au spectre.

Que savez-vous sur les spectres des différentes sources lumineuses ? Qu'entend-on par spectres d'absorption ?

En analysant la lumière émise par différentes sources, on fait les constatations suivantes :

Les *solides* et les *liquides* incandescents donnent des spectres *complets* dont les radiations se succèdent sans discontinuité.

Les *gaz* et les *vapeurs incandescentes* ont, au contraire un spectre formé de raies *brillantes*, espacées comme les raies noires du spectre solaire, et séparées par des bandes obscures. Ainsi, le sodium donne deux raies jaunes caractéristiques du métal ; une flamme de Bunsen contenant du chlorure de sodium est une *source monochromatique*.

En interposant sur le trajet des rayons lumineux émis par un corps solide incandescent (spectre continu) une flamme qui produit un éclairement beaucoup moindre et contient une vapeur métallique, on constate, dans le spectre, des raies sombres coïncidant exactement avec les raies brillantes que donnerait la flamme à vapeur métallique si elle était seule ; on le démontre par l'expérience du renversement des raies. On en conclut que la vapeur métallique interposée intercepte ou absorbe justement les radiations qu'elle peut émettre : les spectres ainsi modifiés s'appellent *spectres d'absorption*.

Que savez-vous sur le spectre solaire ?

Les spectres des astres sont des spectres d'absorption : en comparant la position des raies brillantes produites par les vapeurs métalliques à celle des raies solaires, on reconnaît qu'un certain nombre coïncident exactement, cette coïncidence permet d'expliquer la présence des raies noires du spectre solaire par l'existence d'une *photosphère* gazeuse jouant le rôle de la flamme dans l'expérience du renversement des raies, le noyau solaire étant le liquide incandescent. L'existence dans la photosphère des éléments correspondant à ces raies est ainsi établie.

Quelles sont les propriétés des radiations et leurs applications ?

Les radiations qui n'impressionnent pas la rétine sont caractérisées, comme les radiations lumineuses, par leur longueur d'onde. Elles peuvent provoquer des réactions calorifiques et chimiques.

~ Si l'on explore le spectre solaire avec un thermoscope très sensible, on constate une élévation de température très faible dans la région violette et de plus en plus sensible jusqu'au-delà du rouge (*radiations infra-rouges*). On étudie les radiations de faible longueur d'onde en utilisant leur action chimique sur les sels d'argent : les radiations jaunes, rouges et infra-rouges sont presque sans effet; le maximum d'action se produit bien au-delà du violet. On a donné le nom de *rayons ultra-violets* à ces rayons qui sont doués de propriétés chimiques sans être lumineux et qui sont plus réfrangibles que les rayons violets.

Certaines substances telles que le verre coloré par de l'urane et la solution de sulfate de quinine rendent les rayons ultra-violets visibles; ces substances sont dites *fluorescentes*.

On dit que les corps sont *phosphorescents*, lorsqu'ils restent lumineux plus ou moins longtemps après avoir été éclairés (phosphore, sulfures des métaux alcalino-terreux). Les rayons violets et ultra-violets, c'est-à-dire les plus réfrangibles, développent surtout la phosphorescence.

Arc-en-ciel. Photographie. Chronophotographie.

Comment explique-t-on la formation de l'arc-en-ciel?

L'*arc-en-ciel* est un phénomène lumineux naturel dont la théorie de la dispersion permet de rendre compte.

Il se produit quand, en tournant le dos au soleil peu élevé sur l'horizon, on reçoit dans l'œil des rayons solaires qui ont été frapper des gouttelettes d'eau en suspension dans l'air et y ont subi plusieurs réfractions et au moins une réflexion totale. On l'aperçoit sous forme d'un arc coloré ayant le rouge en dehors et le violet en dedans.

Sur quels principes est fondée la photographie ?

L'art de la *photographie* est fondé sur la propriété que possèdent les radiations violettes et ultra-violettes d'altérer chimiquement certaines substances, plusieurs sels d'argent en particulier.

L'appareil d'optique dont on se sert est une chambre noire portant dans sa partie antérieure un objectif composé d'une lentille convergente. La partie opposée porte un verre dépoli sur lequel vient se peindre l'image réelle et renversée de l'objet qu'on veut photographier.

Le procédé communément employé comprend trois opérations principales : 1° impression dans la chambre noire de la plaque recouverte de gélatino-bromure d'argent ; 2° développement et fixage de la plaque impressionnée en vue d'obtenir un *cliché* ou négatif (ce cliché regardé par transparence reproduit en clair les parties sombres et en noir les parties les plus lumineuses) ; 3° production au moyen du cliché d'images *positives* sur papier.

Qu'est-ce que la chronophotographie ?

La chronophotographie est une application de la photographie instantanée. Celle-ci permet de suivre le développement d'un mouvement quelconque, comme les différentes phases de la marche, du vol des oiseaux, etc. Il suffit pour cela de prendre des photographies successives à des intervalles de temps rigoureusement égaux. Si l'on reproduit devant l'œil toutes ces photographies dans le même ordre et suivant les mêmes intervalles, on assistera à la reproduction exacte du phénomène (cinématographe).

Double réfraction. Polarisation

En quoi consiste le phénomène de la double réfraction ?

Etant donné un cristal de spath d'Islande (carbonate de calcium pur), si l'on fait tomber un rayon de lumière naturelle normalement à l'une des faces du cristal, on constate que le rayon se dédouble en traversant le cristal ; ce phénomène constitue la *double réfraction*. A leur sortie, les deux rayons réfractés sont encore parallèles au rayon incident : l'un d'eux est exactement dans le prolongement du rayon incident, comme le veulent les lois de la réfraction ordinaire à travers une lame à faces parallèles, on l'appelle *rayon ordinaire* ; l'autre a été dévié dès la première réfraction, bien que l'incidence fût normale ; ce rayon ne suit donc pas les lois de la réfraction ordinaire ; on l'appelle *rayon extraordinaire.*

En quoi consiste le phénomène de la polarisation ?

Si l'on reçoit sur un miroir de verre un rayon lumineux *qui s'est déjà réfléchi* ou réfracté, la lumière a acquis, par suite de cette réflexion ou réfraction, des propriétés nouvelles qui constituent la *polarisation.*

En effet, cette lumière peut être éteinte par une nouvelle réflexion : on dit alors qu'elle est *polarisée,* et on appelle *plan de polarisation* le plan d'incidence sur le miroir polariseur.

La lumière polarisée sera éteinte par un miroir lorsqu'elle tombera sur celui-ci dans un plan d'incidence normal au plan de polarisation.

ÉLECTRICITÉ

I. — ÉLECTRICITÉ STATIQUE

Notions générales. Quantité d'électricité. Cylindre de Faraday. Développement simultané de deux électricités. Etude expérimentale de la distribution. Pouvoir des pointes.

Qu'entend-on par corps électrisé ?

Beaucoup de substances (résine, verre, soufre, etc.), après avoir été frottées, jouissent de la propriété d'attirer les corps légers : cette propriété a été reconnue d'abord sur l'ambre jaune. Quand un corps peut attirer les corps légers, on dit qu'il est *électrisé*, et l'on appelle *électricité* la cause qui produit l'attraction.

Qu'entend-on par conductibilité électrique ?

Certains corps, mis en contact avec un corps électrisé, deviennent électrisés dans toute leur étendue : on dit qu'ils *conduisent* l'électricité et l'on a donné le nom de *conductibilité électrique* à ce phénomène.

Tous les corps ne conduisent pas l'électricité, d'où la distinction entre *corps conducteurs* (métaux, corps humides, sol, etc.) et *corps non conducteurs* (verre, résine, soie, etc.).

Comment maintient-on l'électricité sur un corps bon conducteur ?

Les corps conducteurs que l'on veut maintenir électrisés doivent être supportés par des corps mauvais conducteurs appelés *isolants, isolateurs* (verre, laine, résine, paraffine, caoutchouc).

Comment reconnaît-on qu'un corps est électrisé?

Au moyen d'un *pendule électrique* : c'est une petite balle de sureau suspendue par un fil de soie (pendule isolé). Si l'on approche de ce pendule un corps électrisé, le pendule est attiré.

On peut se servir aussi de l'*électroscope à feuilles d'or* (voir page 108).

Combien distingue t-on de sortes d'électricité ?

Il y a deux espèces d'électricité, que l'on est convenu d'appeler *électricité négative* et *électricité positive*. La première est celle qui se développe sur la résine frottée avec une peau de chat; la seconde celle qui se développe sur le verre frotté avec du drap. Ainsi, un pendule électrique électrisé par un bâton de résine frotté et repoussé par lui, est attiré par un bâton de verre frotté avec de la laine, et réciproquement.

Deux corps chargés de même électricité se repoussent et deux corps chargés d'électricités contraires s'attirent?

En quoi consistent les lois de Coulomb?

Les lois de Coulomb s'énoncent ainsi : *Les forces attractives ou répulsives qui s'exercent entre deux points électrisés sont inversement proportionnelles au carré de leur distance et proportionnelles aux quantités d'électricité dont ils sont chargés :*

$$f = \frac{mm'}{d^2} \, .$$

Coulomb a démontré cette loi à l'aide de la *balance de torsion*, qui est un dynamomètre très délicat fondé sur la torsion d'un fil métallique et qui permet de mesurer la force qui s'exerce entre deux balles de sureau électrisées.

La quantité d'électricité est donc une grandeur que l'on mesure par les forces attractives ou répulsives auxquelles elle donne naissance.

Quelle est l'unité de quantité d'électricité?

Il est convenu de prendre, pour unité de quantité d'électricité, la quantité qu'il faut communiquer respectivement à deux petites sphères égales pour que, placées dans l'air à 1 cm. de distance, elles se repoussent mutuellement avec une force égale à 1 dyne. Cette unité s'appelle l'*unité électrostatique C. G. S.*

Dans la pratique, on emploie une unité beaucoup plus grande appelée *coulomb* (1 coulomb vaut 3×10^9 unités électrostatiques C. G. S.).

Comment se développe l'électricité dans le frotte-ment mutuel de deux corps ?

Dans le frottement mutuel de deux corps, l'un s'électrise toujours positivement et l'autre négati-vement. La nature de l'électricité que prend un corps par le frottement dépend donc, en général, de la nature du corps frottant. Les électricités développées sont équivalentes au point de vue des effets extérieurs.

Où se répartit l'électricité dans tout corps conduc-teur ?

Lorsqu'un conducteur est en équilibre électri-que, l'électricité est localisée à sa surface exté-rieure. On le démontre par de nombreuses expé-riences (sphère creuse et boule d'épreuve, sphère recouverte par deux hémisphères).

Qu'entend-on par cylindre de Faraday ?

Le *cylindre de Faraday* est un appareil qui per-met de déterminer la charge totale d'un corps con-ducteur de petites dimensions. Il est fondé sur la propriété que possède l'électricité de se répandre à la surface extérieure des corps.

Il se compose d'un cylindre métallique creux A reposant sur un gâteau de paraffine. Une petite sphère soutenue par un fil de soie peut monter et descendre dans le cylindre La surface de celui-ci porte un pendule électrique C soutenu par un fil conducteur (Voir figure page 106).

Si l'on introduit dans le cylindre la sphère B,

préalablement électrisée, et qu'on incline le cylindre de manière qu'elle touche la paroi, toute l'électricité de la boule passera sur la surface extérieure et fera diverger plus ou moins le pendule C.

En répétant l'opération, on peut ainsi doubler, tripler la charge extérieure du cylindre et doubler tripler la divergence du pendule C.

L'électricité se distribue-t-elle de la même façon sur des conducteurs de différentes formes ?

La distribution de l'électricité à la surface des conducteurs varie avec leurs formes. Ainsi, on trouve que sur une *sphère* la charge électrique est répartie uniformément. Sur un *ellipsoïde*, elle est plus grande près des extrémités du grand axe. Sur un conducteur de forme *ovoïde*, elle est plus grande au petit bout qu'au gros bout.

Comment vérifie-t-on ces faits ?

Pour vérifier la distribution de l'électricité à la surface des conducteurs de diverses formes, on emploie un *plan d'épreuve*, qui consiste en un petit disque de clinquant isolé au bout d'une tige de gomme laque.

Si l'on recouvre avec ce plan d'épreuve les différents points de la surface d'un conducteur sphérique électrisé, on constate (en le plongeant dans un tube de Faraday) que la charge emportée chaque fois par le disque est la même, quelle que soit la région touchée.

Qu'appelle-t-on densité électrique ?

On appelle *densité électrique*, la quantité d'électricité répandue sur chaque unité de surface (1 cq.). Pour la sphère, en particulier, si q est sa charge électrique, r son rayon, d sa densité, on aura :

$$d = \frac{q}{4\pi r^2}$$

Pour un conducteur de forme non sphérique, la densité électrique ne sera pas la même en tous les points, on appellera *densité électrique moyenne* en un point, le rapport entre la quantité d'électricité qui se trouve sur une petite surface autour de ce point et l'aire de cette surface.

Pour un ellipsoïde, c'est près des extrémités du grand axe que la densité électrique moyenne est la plus élevée.

Qu'entend-on par pouvoir des pointes ?

Nous savons que la densité électrique n'est généralement pas la même aux divers points d'un conducteur : elle est excessivement grande sur les pointes ou les arêtes.

On constate alors que le conducteur se décharge rapidement ; c'est ce qu'on appelle le *pouvoir des pointes*. Ainsi un conducteur électrisé muni d'une pointe perd son électricité par la pointe jusqu'à ce qu'il soit ramené à l'état neutre.

L'air situé dans le voisinage d'une pointe conductrice électrisée s'électrise par une série de petites étincelles très grêles, visibles seulement dans l'obscurité et constituant l'*aigrette*. L'air électrisé est repoussé par la pointe chargée de la même électricité (*vent électrique*). Si la pointe est mobile, elle tend à fuir en sens contraire de l'écoulement de l'électricité (*tourniquet électrique*).

Influence électrique, Electroscope à feuilles d'or. Machines électriques. Potentiel.

Qu'entend-on par influence électrique ?

Un conducteur isolé, voisin d'un corps électrisé, s'électrise lui-même. Ce phénomène se nomme *influence* ou induction ; le corps primitivement chargé est *influent* ou *inducteur*, le conducteur est *influencé* ou *induit*.

Comment explique-t-on ce phénomène ?

On explique ce phénomène en admettant qu'un corps non électrisé renferme à la fois, en tous ses points, les deux électricités positive et négative intimement associées, formant ainsi ce que l'on appelle l'*électricité neutre*. Le corps inducteur a pour effet de décomposer l'électricité neutre en attirant l'électricité de nom contraire à la sienne et repoussant l'autre.

Comment se développe l'influence électrique à l'intérieur d'un conducteur fermé ?

Lorsqu'un conducteur électrisé est enveloppé complètement par un autre conducteur, il induit

sur la surface intérieure de ce dernier une quantité
d'électricité égale à la sienne et de signe contraire
(théorème de Faraday).

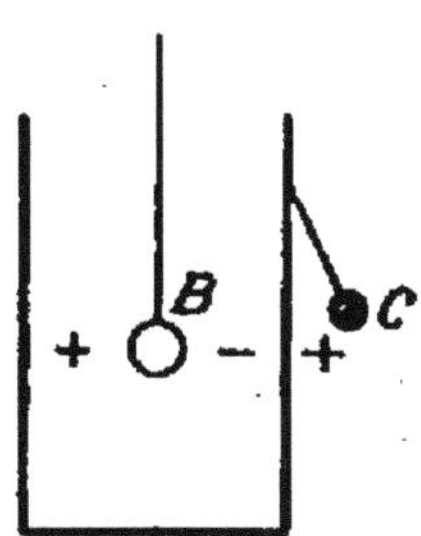

Ce théorème se vérifie avec le cylindre de Faraday. On descend une sphère chargée positivement
dans ce cylindre et l'on constate d'abord que la
surface intérieure est électrisée négativement, la
surface extérieure positivement. Le cylindre cesse
d'être électrisé si l'on retire la sphère ; donc les
quantités d'électricité induites étaient équivalentes.
En mettant la sphère en contact avec la surface
intérieure du cylindre, les deux électricités en présence se neutralisent et la quantité d'électricité
induite sur la surface extérieure ne change pas.
Enfin, si le cylindre est mis en communication
avec le sol pendant que la sphère est à l'intérieur,
l'électricité induite positive disparaît.

Qu'appelle-t-on écran électrique ?

Si l'on enveloppe un corps électrisé par un conducteur communiquant avec le sol, on supprime
l'influence de ce corps sur les points extérieurs au

conducteur. Le conducteur forme ce que l'on appelle un *écran électrique*, qui arrête toute action de l'intérieur sur l'extérieur. Il protège également le corps qu'il enveloppe contre les phénomènes d'influence produits par les charges électriques extérieures

L'enveloppe conductrice peut même posséder des ouvertures assez grandes (cage à barreaux métalliques) et former un écran électrique sinon parfait, du moins très efficace.

Quels sont les phénomènes d'influence produits par un corps électrisé sur les conducteurs extérieurs ?

Pour étudier les différents cas qui se présentent, on se sert d'une sphère *isolée* chargée positivement et d'un cylindre *isolé* muni d'une série de doubles pendules :

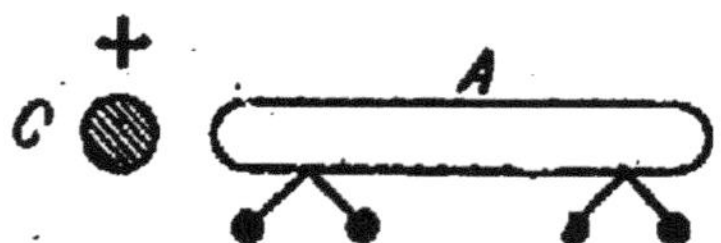

1° Le conducteur A étant isolé et primitivement à l'état neutre se charge d'électricité de nom contraire (négative dans ce cas) à celle du corps influençant C dans la partie qui en est la plus voisine, et d'électricité de même nom (+) dans la partie la plus éloignée, la charge développée par influence augmentant ou diminuant, suivant que le corps influençant C s'approche ou s'éloigne, ou suivant que la charge influençante augmente ou diminue ;

2° En mettant la sphère C en communication avec le sol, elle revient à l'état neutre ainsi que l'induit A ;

3° Si pendant l'influence, on met en communication avec le sol un conducteur influencé, *par un point de sa surface*, celui-ci perd complètement l'électricité de même nom (+) que celle de la sphère C et ne conserve que l'électricité de nom contraire (—) qui augmente de quantité dans la région voisine de la sphère C ;

4° Si l'on supprime alors la communication avec le sol et si l'on supprime ensuite l'action de la sphère C, le corps induit A reste définitivement chargé d'électricité de nom contraire (—) à celle du corps inducteur C.

Comment utilise-t-on l'électrisation par influence ?

L'électrisation par influence est la base d'un grand nombre d'appareils en électricité, tels que : électroscopes, condensateurs, machines électriques.

Elle permet d'expliquer l'attraction des corps légers et diverses expériences comme le carillon électrique, la grêle de Volta, etc.

Qu'est-ce qu'un électroscope ? Description et propriétés.

Un électroscope est un appareil qui sert :
1° A reconnaître si un corps est électrisé ;
2° A déterminer la nature de cette électricité.

L'électroscope à feuilles d'or se compose d'une tige métallique AB portant deux petites feuilles d'or a, b ; elle est fixée dans la tubulure d'une cloche de verre M. L'air intérieur est maintenu sec par des fragments de chlorure de calcium.

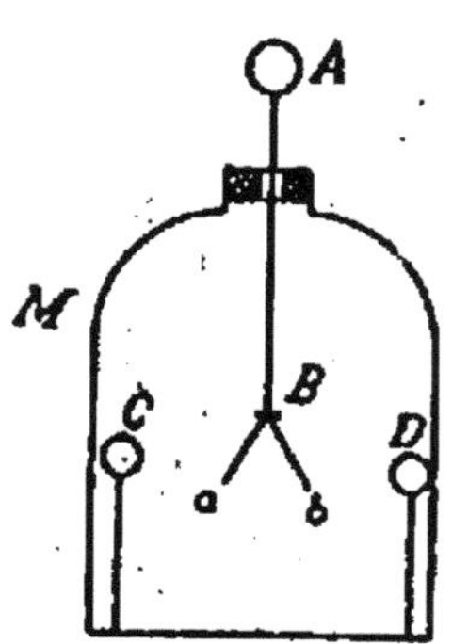

L'instrument étant à l'état neutre, si l'on approche de la boule A un corps électrisé, on observe une divergence des feuilles. On comprend en effet qu'il y a, dans la tige, développement d'électricité par influence ; l'électricité de même nom que celle du corps influent s'accumule dans les feuilles d'or et détermine entre elles une répulsion.

Pour reconnaître la nature de l'électricité, on charge par influence l'électroscope d'une électricité connue, puis on approche de loin, et lentement, le corps à étudier. Si l'électricité du corps est de même signe que celle de l'électroscope, les feuilles divergent davantage ; si elle est de signe contraire, les feuilles se rapprochent.

Comment explique-t-on l'attraction des corps légers ?

L'attraction des corps légers est précédée d'un

phénomène d'influence Dans le cas où le corps
léger est primitivement en communication avecle
sol, cela est évident, puisqu'il ne prend alors que de
l'électricité négative si l'influent est positif. Dans

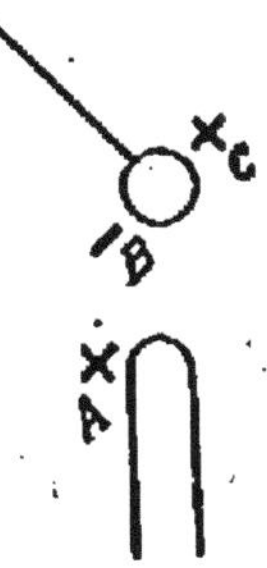

le cas où il est isolé (pendule), il faut remarquer
que la masse totale en C (en valeur absolue) est
plus éloignée de A. L'attraction entre A et B l'em-
porte donc sur la répulsion entre A et C.

*Qu'appelle-t-on machines électriques ? Comment
les classe-t-on ?*

Les machines électriques sont des appareils destinés à transformer le travail mécanique en électricité.

On les divise en deux groupes :

1° Les machines à *frottement*; 2° les machines
à *influence*.

Parmi les machines à frottement, on peut citer
la machine de Ramsden; elles sont très peu
employées aujourd'hui.

Parmi les machines à influence, on peut citer
l'électrophore et la *machine de Whimshurst*.

Que savez-vous sur l'électrophore?

L'électrophore se compose : 1° d'un disque ou *gâteau* de résine A, coulé dans un moule B de bois ou de métal qui communique avec le sol ; 2° d'un plateau d'un diamètre plus petit C, qui est en métal ou en bois couvert d'une feuille d'étain ; ce plateau est muni en son centre d'un manche de verre isolant

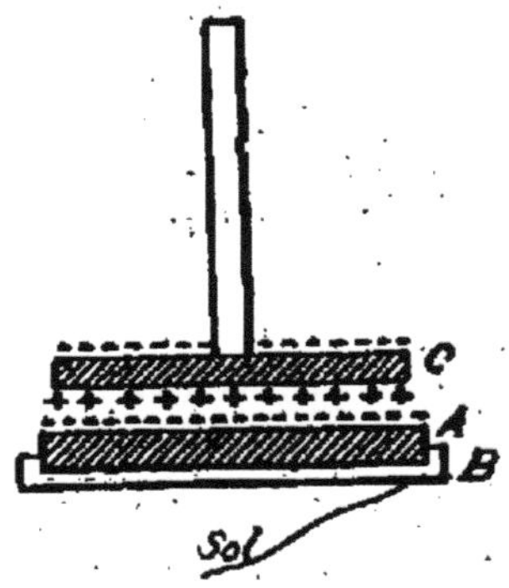

En battant avec une peau de chat le gâteau de résine, on l'électrise négativement. En posant ensuite sur ce gâteau le disque métallique et le mettant en communication avec le sol, par influence ce disque se charge d'électricité positive. En supprimant la communication avec le sol et en soulevant le disque métallique par son manche isolant, on peut en tirer une vive étincelle.

Que savez-vous sur la machine de Whimshurst?

La machine de Whimshurst se compose de deux plateaux identiques, soit en verre, soit en ébonite, disposés parallèlement et pouvant tourner en sens inverse. Sur chacun d'eux sont collés des secteurs en papier d'étain destinés à prendre le contact de deux pinceaux de clinquant portés par deux conducteurs diamétraux. L'un des plateaux sert d'inducteur à l'autre. Des peignes embrassent les disques et communiquent les charges qu'ils reçoivent à deux condensateurs. Tous les petits éléments métalliques s'induisent mutuellement par le jeu des contacts et des peignes. Quand les deux plateaux sont en mouvement, la machine s'amorce d'elle-même, et si l'on écarte les deux boules, il jaillit entre elles des étincelles.

Cette machine est *réversible*, c'est-à-dire que si l'on met en communication les pôles d'une machine de Whimshurst avec les pôles correspondants d'une machine semblable, si, en outre, on en fait fonctionner une, l'autre se met d'elle-même en mouvement ; le travail mécanique produit, pour mettre en mouvement la première machine, se retrouve donc en partie dans la seconde.

La différence du potentiel entre les deux pôles d'une machine est considérable ; elle se mesure approximativement par la longueur de l'étincelle que fournit la machine en se déchargeant.

Qu'appelle-t-on champ électrique ?

On appelle *champ électrique* l'espace où un corps électrisé est soumis à des forces électriques.

La force agissant sur l'unité d'électricité positive placée en un point donné du champ est appelée *force électrique* ou *valeur du champ* ; sa direction et son sens, *la direction et le sens du champ.*

Quelle est la valeur du champ électrique à l'intérieur d'un conducteur? Qu'appelle-t-on diélectrique?

Dans un champ produit par des conducteurs électrisés et en équilibre électrique, la *force électrique* résultante est nulle en tous les points situés à l'*intérieur* de chacun de ces conducteurs. Cela résulte de la propriété que possède chaque conducteur de se comporter comme un *écran électrique*.

C'est donc exclusivement dans les corps *isolants*, l'air, le vent, le soufre,.... extérieurs aux conducteurs, ou intérieurs à leurs cavités renfermant des corps électrisés, que peuvent exister des champs électriques ; ces deux sortes de champ sont d'ailleurs indépendants l'un de l'autre. Les isolants ont été, pour cette raison, désignés sous le nom de corps *diélectriques*.

Comment définit-on le potentiel?

Supposons un conducteur électrisé ; mettons-le en communication lointaine par un fil fin avec la boule d'un électroscope. En fixant successivement le fil en des points différents du conducteur, on constate que la déviation des feuilles d'or reste constante ; si le conducteur est creux et qu'on mette le fil en contact avec un point intérieur, la divergence est toujours la même. Cet écart caractérise un état électrique du conducteur qu'on appelle *potentiel*.

On remarque immédiatement une analogie entre cette expérience et celle qui consiste à mettre en contact avec un corps chaud un thermomètre, en un point quelconque ; de là aussi le nom de *température électrique* donné au potentiel. Si la boule de l'électroscope est mise en communication avec le sol, l'écart des feuilles d'or est nul ; on dit que la température électrique du sol est zéro.

Supposons que nous mettions l'électroscope en communication avec un conducteur B isolé, nous observons un certain écart des feuilles d'or ; mettons-le ensuite en communication avec l'autre conducteur A et désignons par V l'écart produit par le conducteur A, par V' l'écart produit par l'autre ; si l'on réunit A et B par un conducteur fin et que l'on ait $V = V'$ on n'observera dans le fil aucun mouvement électrique ; mais si V est $> V'$, on constatera qu'il y a passage de l'électricité du conducteur A dans le conducteur B. Ce passage de l'électricité par le fil constitue un courant électrique ; on voit donc que ce courant électrique qui est capable de produire un certain travail dépend de la différence des *températures électriques* qui existe entre les deux conducteurs, et l'énergie mise en mouvement dépend de cette différence de potentiel.

Comment mesure-t-on les potentiels ?

On mesure les potentiels, ou plutôt les différences de potentiels, soit au moyen de l'électroscope ou de la balance de Coulomb, soit, ce qui est préférable, au moyen de l'*électromètre*. L'électromètre le plus employé est celui de lord Kelvin.

Capacité électrique. Condensateurs. Bouteille de Leyde

Comment définit-on la capacité électrique ?

Si l'on mesure la charge que possède un conducteur électrisé A et qu'on évalue le potentiel, puis qu'on double la charge, on constatera que le potentiel a doublé ; pour une charge triple, on aura un potentiel triple, etc. Il en résulte que la charge est proportionnelle au potentiel, et on pourra écrire :

$$Q = C \times V$$

d'où :

$$\frac{Q}{V} = C.$$

La constante C est dite la *capacité électrique* du corps A ; elle est toujours égale au quotient de la charge par le potentiel.

D'après cela, on voit que la capacité électrique est corrélative de la capacité calorifique ou chaleur spécifique.

Comment définit-on la capacité d'une sphère ?

L'expérience montre que pour porter une sphère au potentiel 1, il faut lui fournir autant d'unités électrostatiques que son rayon vaut de centimètres. On dit alors que la *capacité d'une sphère est égale à son rayon.* Donc, la charge M d'une sphère de rayon R et de potentiel V aura pour expression :

$$M = V \times R.$$

Qu'appelle-t-on condensateur ?

On appelle *condensateur* un ensemble de deux conducteurs séparés par une lame isolante permettant de déposer sur l'un d'eux, appelé *collecteur* une charge électrique plus grande que s'il était seul quand on le met en contact avec une source électrique donnée ; le second conducteur s'appelle *condenseur.*

Comment montre-t-on le phénomène de la condensation ?

Pour étudier le phénomène de la condensation, on se sert ordinairement du *condensateur à plateaux d'Æpinus.* Il se compose de deux plateaux métalliques A et B munis chacun d'un petit pendule et isolés sur deux colonnes de verre. Une lame de verre C sépare les deux plateaux.

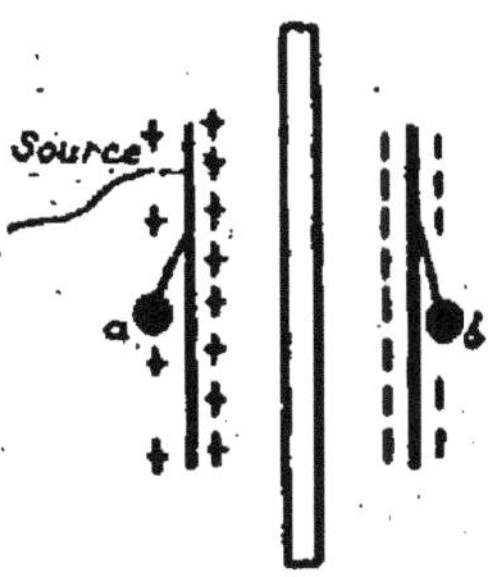

Le plateau condenseur B étant d'abord éloigné, on fait communiquer le plateau collecteur A avec une source de potentiel V. Le collecteur prend une charge $q = cV$. On supprime la communication et on approche le condenseur B ; la capacité du collecteur A augmente et sa charge q a pour valeur $q = Cv$; le condenseur se charge par influence d'électricité négative. Le potentiel du collecteur étant devenu plus petit, si l'on remet ce plateau en communication avec la source, sa charge augmente et devient $Q = CV$; elle est donc plus grande que lorsqu'il est isolé.

Le rapport $\dfrac{Q}{q} = \dfrac{CV}{cV} = \dfrac{C}{c}$ s'appelle la *force condensante*.

Comment décharge-t-on un condensateur ?

On peut décharger un condensateur soit *instantanément*, en touchant à la fois les deux armatures ; soit *lentement*, par contacts successifs des deux armatures, en commençant par le collecteur.

Qu'entend-on par décharges résiduelles dans un condensateur ?

Un condensateur après avoir été déchargé une première fois semble se recharger tout seul, en ce sens qu'on peut, au bout de quelques minutes, tirer une nouvelle étincelle en réunissant les armatures par un *excitateur* (tige métallique portée par deux pieds de verre et pouvant s'écarter et s'incliner plus ou moins) ; on peut même obtenir une troisième, une quatrième... étincelle de plus en plus faible. On a donné le nom de *décharges résiduelles* à ces charges qui réapparaissent sur les armatures. Elles s'expliquent par la pénétration partielle des deux électricités dans la lame isolante qui sépare les armatures.

Qu'est-ce que la bouteille de Leyde ?

La *bouteille de Leyde* est un condensateur dans lequel la lame de verre est constituée par un flacon de verre A, le condenseur par une feuille d'étain collée extérieurement B, et le collecteur par des feuilles d'or chiffonnées C et une tige métallique D recourbée à l'extérieur et terminée par un bouton. On charge la bouteille de Leyde en la tenant à la main et en présentant la tige de laiton au pôle

isolé d'une machine électrique dont l'autre pôle communique avec le sol. On montre, au moyen de la *bouteille de Leyde décomposable*, qu'après la décharge instantanée, on peut obtenir plusieurs décharges résiduelles, sans communication nouvelle avec la machine électrique ; les deux électricités semblent donc pénétrer les deux faces de la partie isolante.

Qu'appelle-t-on jarres électriques, batteries?

Les jarres sont des bouteilles de Leyde dans lesquelles les feuilles d'or sont remplacées par une feuille d'étain collée intérieurement. Une chaîne métallique met en relation la tige de cuivre avec cette feuille d'étain. Les deux feuilles d'étain interne et externe constituent les *armatures*. La tige de cuivre est droite extérieurement.

Quand on veut obtenir un condensateur d'une grande capacité, on associe des jarres en faisant communiquer entre elles d'une part toutes les armatures extérieures, d'autre part toutes les armatures intérieures. On a ainsi une *batterie*.

Electricité atmosphérique. Paratonnerre

Que savez-vous sur l'électricité atmosphérique?

L'air est presque toujours chargé d'électricité, comme on peut le reconnaître avec des électroscopes sensibles.

Tout se passe comme si le sol était électrisé négativement à sa surface, ou comme si une charge positive existait à une grande hauteur dans l'atmosphère. Alors un corps isolé placé dans l'atmosphère s'électrise positivement à sa partie inférieure et négativement du côté du ciel. On a constaté que le potentiel de ce conducteur était positif. Pour déterminer approximativement le potentiel en un point de l'atmosphère, on se sert de l'*élec-*

tromètre de Saussure. C'est un électroscope à feuilles d'or dont le bouton est remplacé par un longue tige terminée en pointe. Si on élève cet instrument dans l'atmosphère par un temps serein, on constate que le potentiel en un point quelconque est toujours positif et qu'il augmente avec l'altitude.

Comment explique-t-on la formation des orages, des éclairs et du tonnerre ?

Les *orages* sont produits par des nuages électrisés. On comprend en effet qu'il se produit des phénomènes d'influence entre les nuages et les masses électriques atmosphériques. Quand deux nuages fortement électrisés de signes contraires se rapprochent assez, il jaillit entre eux une forte étincelle ; on désigne la vive lueur sous le nom d'*éclair* ; l'éclair peut éclater entre le nuage et le sol. On donne le nom de *tonnerre* ou de *foudre* au bruit qui accompagne l'étincelle ou même la décharge entière. Ce bruit n'est pas perçu en même temps que l'éclair, parce que le son se propage avec une vitesse beaucoup moins grande que la lumière.

Que savez-vous sur les paratonnerres ?

Les *paratonnerres* protègent les édifices contre la foudre. Celui de *Franklin* se compose d'une tige verticale terminée par une pointe inoxydable et communiquant par l'intermédiaire d'un conducteur en fils de cuivre avec l'eau d'un puits. Son principe repose sur le pouvoir des pointes. De l'électricité de nom contraire à celle du nuage électrisé s'écoule par la pointe et va décharger partiellement le nuage (effet préventif). On construit également aujourd'hui des paratonnerres dont l'efficacité repose sur le principe de l'*écran électrique* (cage de Faraday). Ce système, appliqué par *Melsens* consiste en une sorte de vaste réseau de fils métalliques, distribué sur la surface de l'édifice et communiquant avec le sol. Sur le faîte, sont placées, de distance en distance, des gerbes de petites pointes métalliques.

II. — ÉLECTRICITÉ DYNAMIQUE

Courant électrique ; intensité. Résistance ; loi d'Ohm ; courants dérivés. Loi de Joule

Qu'entend-on par élément de pile ?

Un élément de pile consiste en deux conducteurs métalliques (une lame de zinc et une lame de cuivre, par exemple) appelés *électrodes*, plongeant dans une même dissolution aqueuse, d'un sel ou d'un acide (eau acidulée par l'acide sulfurique, par exemple). Si l'on fixe un fil de cuivre à chacun

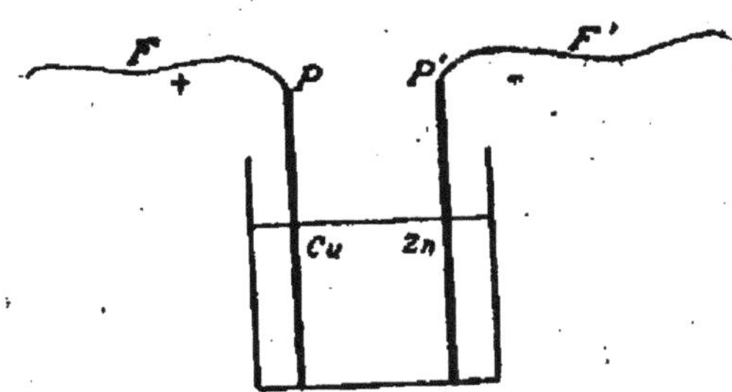

des conducteurs, les deux fils de cuivre s'électrisent et il existe entre eux une différence de potentiel constante ; cette différence s'appelle la *force électromotrice* de l'élément de pile ; elle est d'environ 1 volt. On met ce fait fondamental en évidence avec l'*électromètre condensateur* de Volta.

Le pôle au plus haut potentiel est appelé *pôle positif*, l'autre, *pôle négatif*.

En réunissant par un fil métallique les deux pôles d'une pile, l'équilibre électrique est impossible, il se produit un mouvement continu d'électricité positive (*courant électrique*). Le sens du mouvement de l'électricité positive (*sens du courant*) est du pôle positif au pôle négatif à l'extérieur de la pile et du pôle négatif au pôle positif à l'intérieur de celle-ci. Si l'on ouvre *le circuit*, le courant cesse aussitôt, le courant se produit de nouveau dès qu'on *ferme le circuit.*

Quelle est l'intensité de ce courant électrique ?

On appelle *intensité du courant électrique* la quantité d'électricité qui traverse, pendant une seconde, une section quelconque du conducteur ; elle est la même à un même moment en tous les points du circuit ; elle s'évalue en *ampères*. La *résistance* qu'oppose le circuit au mouvement de l'électricité, s'évalue en *ohms*.

Quelles sont les lois d'Ohm ?

1° Quand un conducteur homogène, ayant partout la même section, est traversé par un courant électrique, la différence de potentiel de deux points est proportionnelle à la longueur du conducteur comprise entre ces deux points ;

2° Quand plusieurs conducteurs cylindriques homogènes formés d'une même substance mais de sections différentes sont traversés par le même courant, les différences de potentiel entre deux points, qui limitent la même longueur sur ces conducteurs, varient en raison inverse de la section de ces conducteurs ;

3° La différence de potentiel des deux extrémités d'un conducteur homogène est proportionnelle à l'intensité du courant électrique qui le traverse.

On déduit des lois précédentes la *formule d'Ohm* $i = \dfrac{E}{R}$, qui donne l'intensité d'un courant fourni par une pile de force électromotrice E, traversant un circuit de résistance totale R

$$\left(i = \frac{E}{R' + R''} \right).$$

Quelle est l'expression de la résistance dans les courants dérivés ?

On démontre que la résistance d'un conducteur hétérogène (c'est-à dire d'un faisceau de conducteurs) est la somme des résistances des conducteurs homogènes qui, mis bout à bout, constituent le conducteur homogène.

$$R = r_1 + r_2 + \ldots\ldots + r_n.$$

Que savez-vous sur les actions calorifiques des courants ? Quelle est la loi de Joule ?

Les piles sont des sources d'électricité dans lesquelles l'énergie électrique résulte de la transformation de l'énergie des réactions chimiques. Or, dire qu'un conducteur est parcouru par un courant continu, c'est dire que l'électricité y passe d'une façon *continue* d'un potentiel à un autre et, par conséquent, que ce conducteur est le siège d'une transformation *continue* de l'énergie électrique en énergie calorifique ou mécanique. L'incandescence d'un filament de charbon dans les lampes électriques et la rotation d'une dynamo sous l'action des courants sont des applications de ce phénomène.

La loi de Joule nous apprend que : *la chaleur dégagée par un courant électrique dans un conducteur est proportionnelle au temps, à la résistance du conducteur et au carré de l'intensité du courant.*

On a la relation :

$$Q \times 4 \text{ joules } 17 = RI^2T,$$

Le produit $Q \times 4,17$ représente *l'énergie calorifique* dégagée dans le conducteur (Q s'exprime en petites calories, R en ohms, I en ampères, T en secondes).

Quels sont les effets chimiques des courants et les caractères de l'électrolyse ?

Tout composé conducteur à l'état liquide est décomposé quand un courant électrique le traverse. Ce phénomène s'appelle *électrolyse* ; le corps décomposé, *électrolyte* ; les conducteurs baignés par le liquide et qui servent à faire passer le courant, *électrodes* ; l'électrode d'entrée a reçu le nom d'*anode* ; l'électrode de sortie, de *cathode*.

Enfin, les produits immédiats de la décomposition s'appellent les *ions* ; on appelle plus spécialement *anions* ceux qui se portent vers l'anode, *cathions* ceux qui se portent vers la *cathode*.

Les électrolytes sont toujours des composés renfermant un *métal* et de *l'hydrogène* (acides, bases ou sels) ; dans toute électrolyse, le métal du sel, ou l'hydrogène de l'acide, se dégage sur la cathode ; le reste du sel ou de l'acide, sur l'anode. Entre les deux électrodes, on ne voit aucune décomposition.

Exemple : l'électrolyse de l'acide sulfurique étendu se fait dans un voltamètre à fils de platine, de l'oxygène se dégage à l'anode, un volume double d'hydrogène, à la cathode (1). En réalité, c'est l'acide sulfurique qui se décompose ; le radical SO^4 se dédouble en SO^3, qui reforme de l'acide sulfurique et en O qui se dégage.

Des réactions chimiques secondaires qui ont lieu entre les éléments du sel ou de l'acide décomposé et la substance des électrodes ou du liquide viennent souvent masquer la loi générale de l'électrolyse. (Ex. sulfate et électrode de zinc, $Zn + O,SO^3 = SO^4$; les métaux alcalins attaquent l'eau de la dissolution et donnent à la cathode un hydrate, ainsi le K donne KOH).

Quelles sont les applications de l'électrolyse ?

Les applications de l'électrolyse sont la galvanoplastie et l'électro-métallurgie (Voir page 154).

Quelles sont les lois de Faraday ?

Les phénomènes électrolytiques sont soumis à trois lois qui ont été découvertes par Faraday :

---

(1) Voir *Manuel de chimie*, par A. Bouchonnet.

1º Les actions chimiques qui se produisent simultanément dans un même circuit sont équivalentes ;

2º La quantité d'un électrolyte décomposée est proportionnelle à la quantité d'électricité qui a traversé l'électrolyte ;

3º Quand un même courant traverse différents électrolytes, les masses de chaque électrolyte décomposées sont celles qui correspondent à une valence des radicaux.

Quelle est la définition pratique de l'ampère ?

L'ampère ou unité pratique d'intensité est l'intensité du courant qui, traversant un voltamètre à azotate d'argent, dans des conditions déterminées, dépose l'argent à raison de 1 mmgr., 118 par seconde.

L'ampère correspond donc au débit d'un coulomb par seconde (le coulomb est la quantité d'électricité qui met en liberté $\dfrac{108}{96,600} = 1$ milligramme 118 d'argent).

Polarisation. Piles. Accumulateurs

Qu'entend-on par polarisation ? Qu'est-ce qu'un accumulateur ?

Dans l'électrolyse d'un liquide, les électrodes ont souvent leur surface modifiée, soit par le dépôt du métal déposé dans l'électrolyse, soit par les gaz.

qui pénètrent plus ou moins à l'intérieur de l'électrode ; on dit alors qu'elles sont *polarisées*. Deux électrodes primitivement identiques sont ainsi rendues dissemblables par le passage d'un courant électrique ; les électrodes polarisées et l'électrolyte constituent alors un élément de pile, dont l'électrode qui a reçu le métal ou l'hydrogène forme l'électrode négative. On appelle les piles ainsi formées piles secondaires ou *accumulateurs* (accumulateurs Planté).

Que savez-vous sur la construction des éléments de pile ?

La construction des éléments de pile a pour origine les expériences de Galvani (réunion des systèmes nerveux et musculaire de la grenouille par un arc métallique) et de Volta (contact de deux substances hétérogènes). La pile de Volta se composait d'éléments empilés, constitués chacun par un disque de zinc et un disque de cuivre séparés par une rondelle de drap imprégnée d'eau acidulée.

Le principal inconvénient des anciennes piles est l'affaiblissement du courant dû à la polarisation des électrodes (dégagement d'H sur l'électrode positive). Dans les piles modernes on absorbe l'H à l'aide d'un *dépolarisant* liquide ou solide.

Quelles sont les piles les plus employées ?

Les piles les plus employées sont celles de *Daniell*, de *Callaud*, de *Bunsen*, de *Leclanché* et la *pile au bichromate*.

Dans la pile de *Daniell*, le liquide attaquant le zinc est de l'eau acidulée, le liquide dépolarisant est une dissolution de sulfate de cuivre placée dans

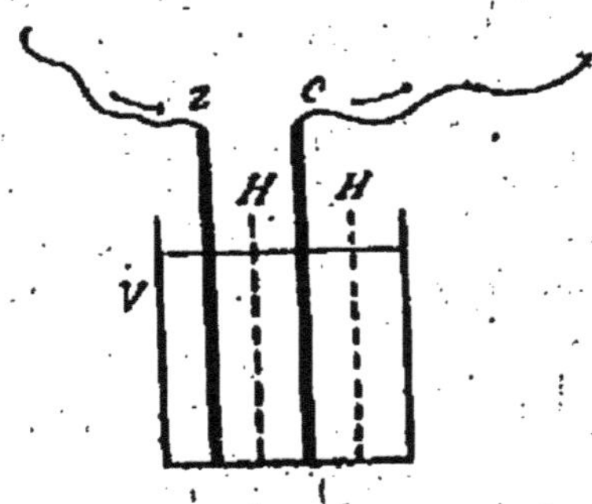

un vase poreux; l'électrode positive est un cylindre de cuivre C. La réaction chimique prise dans son ensemble est la substitution du zinc au cuivre dans son sulfate. A l'exception des accumulateurs, c'est de toutes les piles connues celle qui fournit les courants les plus constants.

La pile *Leclanché* est un élément à dépolarisant solide (MnO^2); le liquide actif est une dissolution de chlorure d'ammonium; l'électrode positive est une plaque de charbon de cornues placée entre deux plaques de bioxyde de manganèse et de charbon agglomérés. Cette pile convient pour les fonctionnements intermittents (sonneries).

MAGNÉTISME
ELECTROMAGNÉTISME

Aimants. Champ magnétique. Spectres magnétiques. Déclinaison et inclinaison.

Que savez-vous sur les aimants ?

Les aimants ont la propriété d'attirer le fer. Les aimants *naturels* sont de l'oxyde de fer Fe^3O^4. Les aimants *artificiels* sont constitués par de l'acier (barreaux aimantés, aiguilles aimantées), ou par du fer doux (électro-aimants).

On appelle *pôles* les deux extrémités d'un aimant; ce sont les seules parties actives. La région moyenne (zone neutre) est sans action sur la limaille de fer.

Une aiguille aimantée rendue mobile dans un plan horizontal prend à peu près la direction Nord-Sud; le pôle qui se dirige vers le nord s'appelle *pôle nord*, le pôle qui se dirige vers le sud, *pôle sud*. Si l'on présente un aimant fixe à un aimant mobile, on constate que deux pôles de même nom se repoussent et que deux pôles de noms contraires s'attirent.

Qu'entend-on par champ magnétique ?

Tout aimant crée, autour de lui, comme en électricité, un *champ magnétique*. Ce champ est caractérisé par les lignes de force que dessine de la limaille de fer projetée sur du carton recouvrant l'aimant. La disposition que prennent les parcelles de limaille (connue sous le nom de *spectre magnétique*) est due à ce que toute substance magnétique placée dans un champ magnétique devient elle-même un aimant (aimantation par influence).

Les aimants artificiels s'obtenaient autrefois par des frictions répétées avec des barreaux déjà aimantés; aujourd'hui on aimante presque exclusivement par les courants. Le fer doux ne peut donner que des aimants *temporaires* (électro-aimants). L'acier fournit des aimants *permanents*, auxquels on donne différentes formes (barreaux droits, barreaux en fer à cheval).

La terre crée dans son voisinage un champ magnétique qui est *uniforme* dans un espace restreint. Un aimant placé dans ce champ est sollicité par un couple et subit une action purement *directrice*. La direction du champ terrestre en un lieu donné se définit dans la pratique à l'aide de deux angles, la déclinaison et l'inclinaison.

Qu'appelle-t-on déclinaison et inclinaison ?

Lorsqu'une aiguille aimantée est placée sur un pivot vertical, de manière à se mouvoir librement dans un plan horizontal, elle ne prend pas exactement dans nos régions la direction sud-nord; son extrémité nord fait avec la direction de la méridienne géographique un angle plan que l'on appelle la *déclinaison* au lieu de l'expérience.

Si l'aiguille se meut dans un plan vertical, qui est le méridien magnétique, le pôle nord de l'aiguille se dirige vers le sol et le plus petit des deux angles que fait la partie nord avec l'horizontale est l'*inclinaison*.

A quoi sert la boussole ?

La déclinaison et l'inclinaison, dans un lieu donné, se déterminent à l'aide de *boussoles*, dont la partie essentielle est une aiguille aimantée mobile dans un plan horizontal (boussole de déclinaison) ou dans un plan vertical (boussole d'inclinaison). Il existe des boussoles mixtes. Les boussoles de déclinaison servent à indiquer la direction sud-nord quand on connaît la déclinaison au lieu de l'expérience,

La déclinaison varie d'un lieu du globe à un autre : les lignes d'égale déclinaison s'appellent lignes *isogones*.

A Paris, l'inclinaison est d'environ 65°, la déclinaison de 16°. Les lignes d'égale inclinaison sont des lignes *isoclines*.

Electromagnétisme. Règle d'Ampère

Quelle est l'action exercée par un courant sur un aimant ? Quelle est la règle d'Ampère ?

Si l'on dispose un fil métallique, traversé par

un courant, au-dessus d'une aiguille aimantée mobile sur un pivot vertical et en équilibre dans le méridien magnétique, l'aiguille est déviée de sa position d'équilibre (Expérience d'OErsted).

La règle suivante d'Ampère nous fait connaître le sens de la déviation.

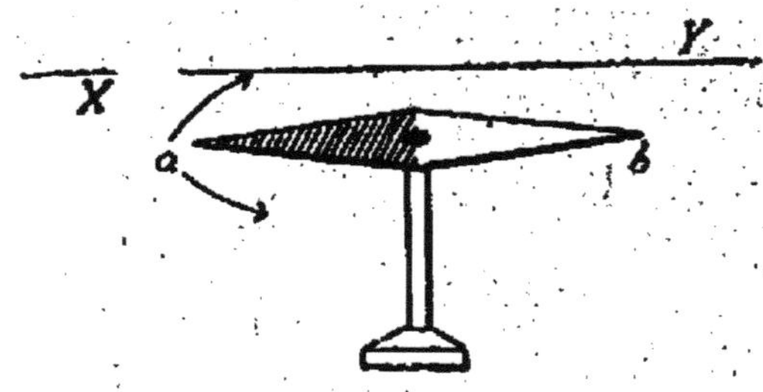

Un courant rectiligne, agissant sur un aimant, tend à le mettre en croix avec lui, de manière que le pôle nord de l'aimant soit à la gauche du courant.

Pour définir la *gauche du courant*, on suppose que l'observateur se place dans la direction même du fil, de façon que le courant entre par ses pieds et sorte par sa tête, son visage étant tourné du côté de l'aiguille : c'est la gauche de l'observateur qui définit alors la gauche du courant.

Quelle est la nature des champs magnétiques produits par les courants ?

Il résulte de l'expérience d'OErsted qu'un courant rectiligne indéfini crée autour de lui un champ magnétique analogue à celui d'un aimant.

Si l'on place verticalement un fil métallique rectiligne traversé par un courant intense, et si l'on projette de la limaille de fer sur une feuille de carton horizontale traversée par ce fil, il se forme un spectre magnétique ; les lignes de force magnétique sont des circonférences ayant leur centre sur l'axe du fil ; donc, en chaque point, la direction de la ligne de force est perpendiculaire au plan passant par ce point et le courant.

On démontre qu'à l'intérieur d'un circuit fermé, plan et convexe, les lignes de force magnétique traversent normalement le plan du courant, en pénétrant par la droite et sortant par la gauche.

Action d'un champ magnétique sur un courant. Solénoïdes. Galvanomètres, ampèremètres et voltmètres.

Quelle est l'action d'un aimant fixe sur un courant mobile ?

L'expérience d'OErsted nous a montré qu'un courant rectiligne exerce sur un aimant, mobile autour d'un axe, une action qui tend à mettre l'aimant en croix avec le courant. Réciproquement, un aimant fixe déviera un courant mobile de manière à laisser à sa gauche le pôle nord de l'aimant.

D'une manière générale, *l'action d'un champ magnétique sur un élément de courant rectiligne,* placé dans ce champ, est dirigée vers la droite de ce courant, en supposant que l'observateur placé dans le sens du courant ait le visage tourné du côté du pôle nord, d'où émane le flux de force magnétique.

L'action d'un courant fixe peut produire la *rotation continue* d'une portion de courant mobile. On le démontre par l'expérience de la roue de Barlow.

Quelles sont les actions mutuelles des courants ?

Les actions des courants sur les courants ont été découvertes par Ampère. Tous les phénomènes dans lesquels elles se manifestent peuvent se rattacher à trois principes fondamentaux :

1º Deux courants parallèles et de même sens s'attirent ; deux courants parallèles et de sens contraires se repoussent ;

2º Deux courants non parallèles s'attirent, quand ils s'approchent ou s'éloignent ensemble de leur point de croisement ; ils se repoussent, quand l'un s'en approche tandis que l'autre s'en éloigne ;

3º Un courant sinueux a la même action qu'un courant rectiligne, de même intensité et terminé aux mêmes extrémités, pourvu que la distance à laquelle s'exerce cette action soit très grande par rapport à l'amplitude des sinuosités.

Quelle est l'action de la terre sur les courants mobiles ?

Un courant fermé et convexe (rectangulaire, circulaire, etc.), est orienté par l'action de la terre. Le plan du courant s'oriente peu à peu de l'E. à l'O. (perpendiculairement au plan du méridien magnétique), le courant étant descendant à l'est, ascendant à l'ouest.

Qu'appelle-t-on solénoïdes ; quelles sont leurs propriétés ?

On appelle *solénoïde* un système de courants circulaires égaux, de même sens, et dont les plans sont perpendiculaires à la ligne qui passe par leurs centres.

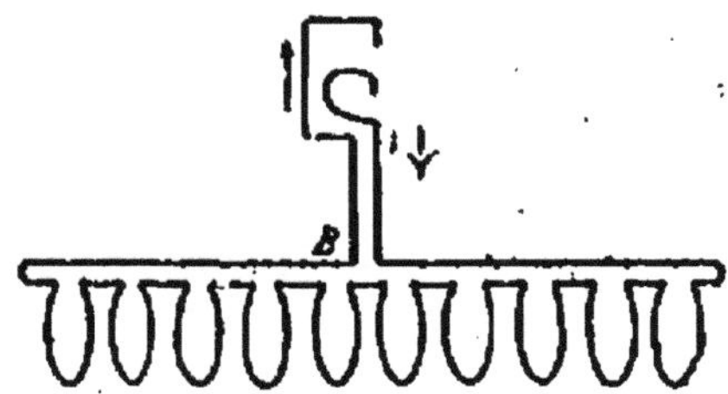

Les solénoïdes possèdent toutes les propriétés des aimants ; ainsi sous l'action de la terre, l'axe du solénoïde, c'est à dire la droite qui passera par les centres de tous les cercles, se placera dans le méridien magnétique comme une aiguille aimantée. Un courant, un autre solénoïde et un aimant exerceront sur le solénoïde la même action que sur un aimant.

Que savez vous sur les galvanomètres ?

On donne le nom général de *galvanomètres* à des appareils spécialement destinés à mesurer l'intensité d'un courant, par l'observation de la déviation imprimée à une aiguille aimantée.

Le *galvanomètre* ordinaire consiste en une aiguille aimantée mobile dans un plan horizontal placé à l'intérieur d'un cadre multiplicateur, dont on dispose les spires parallèlement à la direction que prend la ligne des pôles de l'aiguille quand il ne passe aucun courant. Lorsqu'un courant circule dans le fil du cadre, d'après la règle d'Ampère, toutes les parties de ce courant ajoutent leurs effets pour dévier l'aiguille dans le même sens. Les faibles déviations de l'aiguille sont proportionnelles à l'intensité du courant. On augmente la sensibilité du galvanomètre, soit par l'emploi d'un système de deux aiguilles presque astatique, l'aiguille inférieure étant seule placée dans le cadre (procédé de Nobili), soit en plaçant dans le voisinage un aimant qui forme autour de l'aiguille un champ opposé au champ magnétique terrestre (procédé de Thomson).

(On appelle *système astatique* un ensemble de conducteurs tels que les actions de la terre sur leurs parties diverses se neutralisent).

En quoi consistent les ampèremètres et les voltmètres ?

Les *ampèremètres* et les *voltmètres* sont des galvanomètres de forme spéciale, qu'on emploie pour les usages industriels. Les premiers servent à mesurer des intensités, les seconds des forces électromotrices.

Ils sont constitués par une boîte cylindrique en cuivre, dans laquelle sont placés deux aimants fixes, en fer à cheval ; entre ces aimants se trouve un petit barreau de fer doux, mobile autour d'un axe, sur lequel est fixé extérieurement une aiguille de cuivre ; cette aiguille se place au zéro de la graduation quand l'appareil n'est soumis à aucune action.

Si l'on intercale celui-ci dans le circuit soumis à l'expérience, le courant passe dans deux bobines (entourant chaque extrémité du noyau de fer doux) et imprime au barreau de fer et par suite à l'aiguille extérieure une déviation sensiblement proportionnelle à son intensité.

Dans les *ampèremètres*, les bobines sont à *très gros fil*, afin de diminuer leur résistance par rapport à celle des circuits sur lesquels on opère. Ils sont gradués en ampères.

Dans les *voltmètres*, les bobines sont à fil *très fin et très long*, leur résistance est donc très grande par rapport à celle de la source dont on se propose de déterminer la *force électromotrice*, c'est-à-dire la différence de potentiel aux deux pôles, en circuit ouvert. L'instrument est gradué en volts.

Aimantation par les champs magnétiques. Electro-aimants. Flux magnétique : hystérésis

Comment se comporte un morceau de fer placé dans un champ magnétique ?

Lorsqu'on place un morceau de fer doux dans un champ magnétique, il acquiert toutes les propriétés d'un aimant : il s'aimante dans la direction du champ inducteur, et les lignes de force de celui-ci s'infléchissent de façon à passer en plus grand nombre par le fer doux.

Ainsi, un barreau de fer, dont la plus grande longueur est parallèle, ou à peu près, aux lignes de force d'un champ magnétique, s'aimante, le pôle Nord étant situé à l'extrémité qui est dans le sens du champ. Le *fer doux* perd toute aimantation dès qu'il est soustrait à l'action du champ magnétique ; l'acier conserve au contraire une partie de l'aimantation que le champ lui a communiquée. Le cobalt et le nickel s'aimantent fortement comme le fer.

L'attraction du fer par un aimant est précédée d'un phénomène d'aimantation par influence, le fer présentant du côté du pôle de l'aimant agissant un pôle de nom contraire.

Comment se développe l'aimantation sous l'action des courants ?

Puisque les courants créent autour d'eux un champ magnétique, on pourra donc aimanter le fer et les autres substances magnétiques, en les plaçant dans le voisinage d'un courant.

Le procédé le plus efficace pour développer une aimantation bien régulière sur un barreau de fer ou d'acier consiste à placer celui-ci dans le champ uniforme qui existe à l'intérieur d'un solénoïde : on enroule un fil conducteur en spires régulières sur un tube de verre, ou directement sur le barreau à aimanter, en isolant le fil par de la gutta ou de la soie, et on fait passer le courant dans le fil, le barreau s'aimante, le pôle nord étant à la gauche du courant ; tout magnétisme disparaît dès que le courant cesse. Les chocs et les trépidations mécaniques ou magnétiques favorisent l'aimantation de l'acier.

Quand on augmente l'intensité du courant, le champ inducteur augmente dans le même rapport ; mais il n'en est pas de même de l'aimantation pour laquelle il existe un maximum ; il n'y a donc aucun intérêt à employer des champs plus intenses que celui qui produit la *saturation* des barreaux.

Qu'appelle-t-on électro-aimants ?

On donne le nom d'*électro-aimants* à ces aimants temporaires constitués par un noyau de fer doux sur lequel est enroulé, en hélices superposées, un fil de cuivre isolé. L'aimantation naît avec le courant inducteur, disparaît ou change de sens en même temps que lui.

Les électro-aimants se prêtent à une foule d'applications pratiques (sonneries, télégraphes, etc.) ; le noyau de fer doux peut être droit ou courbé en fer à cheval.

Qu'entend-on par hystérésis ?

Quand on soumet le fer impur à l'action d'un champ périodique que l'on fait successivement croître et décroître, en passant par des valeurs égales et contraires, les inductions correspondantes qui s'annulent pour certaine valeur du champ, peuvent être représentées par une courbe fermée que l'on nomme *cycle magnétique*.

Ces phénomènes constituent ce que l'on appelle l'*hystérésis* ; ils interviennent dans les machines dynamos où certains organes de fer doux sont soumis périodiquement à des aimantations contraires ; une certaine quantité d'énergie empruntée au courant électrique est transformée en chaleur (échauffement des pièces de fer doux) et perdue.

Induction électro-magnétique : force électromotrice d'induction : loi fondamentale

Qu'entend-on par induction électro-magnétique ? Quelles sont les propriétés des courants induits ?

On appelle *courants induits*, des courants temporaires qui prennent naissance dans des circuits fermés sous l'influence de courants ou d'aimants.

D'une façon générale, étant donné un circuit placé dans un champ magnétique, toutes les fois qu'on modifie le nombre des lignes de force interceptées par le circuit, il y a production dans ce circuit d'un courant dit *courant d'induction ou induit*, dont la durée est celle de la variation elle-même du flux de la force magnétique et dont le sens est tel que, par son action électro-magnétique, il tend à s'opposer à la variation produite (loi fondamentale de l'induction). Le système qui produit le champ est l'*inducteur* ; le circuit soumis à l'induction, l'*induit*.

Pour démontrer l'induction par un *aimant*, on se sert d'un barreau aimanté et d'une bobine creuse reliée à un galvanomètre. Il se produit des courants induits quand on enfonce le barreau dans la bobine ou quand on le retire brusquement.

L'induction par les *courants* se démontre avec deux bobines concentriques dont l'une est reliée à une pile (bobine inductrice) et l'autre à un galvanomètre (bobine induite). Lorsque le courant de la pile commence, augmente d'intensité ou s'approche, il se développe dans la bobine induite un courant induit inverse ; lorsque le courant de la pile finit, diminue d'intensité ou s'éloigne, il y a production d'un courant induit direct.

Qu'appelle-t-on force électromotrice d'induction ?

D'une façon générale, on appelle *force électromotrice* d'un électromoteur quelconque, la quantité d'énergie électrique qu'il communique à l'unité d'électricité qui le traverse ; le sens de la force électromotrice est le sens dans lequel l'électromoteur tend à faire voyager l'électricité positive. Un circuit soumis aux phénomènes d'induction est le siège d'une force électromotrice (*force électromotrice d'induction*). Quand le circuit est ouvert, il se produit à ses extrémités une différence de potentiel égale, toujours à très peu de chose près, à la force électromotrice d'induction, et rigoureusement dès qu'il y a équilibre.

Les variations du champ magnétique produites par un courant variable donnent lieu à une force électromotrice d'induction dans le circuit même parcouru par le courant variable (force électromotrice de *self-induction*). En particulier, quand on ferme le circuit d'une pile, il se produit une self-induction dans le sens inverse à la force électromotrice de la pile ; au moment où l'on rompt le circuit, il se produit une self-induction de même sens que la force électromotrice de la pile.

APPLICATIONS DE L'ÉLECTRICITÉ

Télégraphe, téléphone, microphone

Que savez-vous sur la télégraphie ?

Les parties essentielles d'un système de télégraphie sont :

1° Une *pile* P placée au point d'où doit partir la dépêche : on emploie généralement la pile de Daniell.

2° Une *ligne télégraphique* L, c'est-à-dire un conducteur établissant la communication entre les points qui sont en correspondance ;

3° Un appareil *manipulateur* B, placé au point de départ et qui permet d'interrompre ou de rétablir à volonté le courant ;

4° Un appareil *récepteur* R, placé au point d'arrivée ; il comprend : un électro-aimant E qui entre en action dès que le courant lui est transmis, attire une pièce de fer doux F, placé en face de pôles ; la pièce de fer doux est abandonnée dès le courant est interrompu.

Le contact de l'armature avec l'électro-aim

sera plus ou moins long et l'on obtiendra ainsi des signaux différents avec lesquels on pourra créer des alphabets conventionnels.

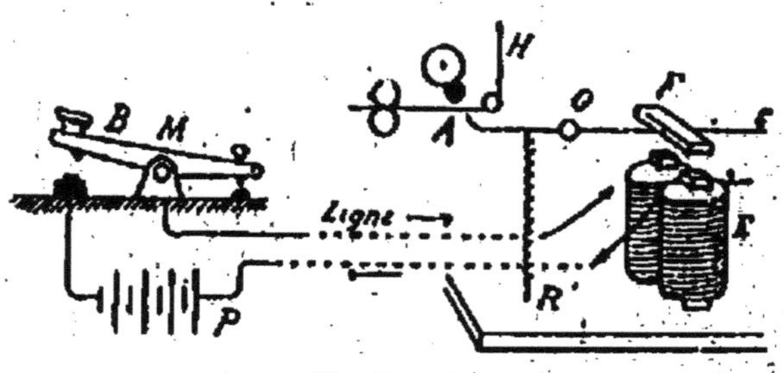

L'*appareil Morse* (figure ci-contre), imprime les signaux sous forme de traits et de points. Le manipulateur est un levier métallique B qui, au repos, fait communiquer la ligne avec le récepteur R du même poste. En appuyant sur la tête isolante du levier, on envoie le courant dans la ligne ; en même temps la communication de la ligne avec le récepteur du poste de départ est interrompue. Le récepteur comprend, outre l'électro-aimant E et l'armature de fer doux F, un mécanisme d'horlogerie qui fait dérouler une bande de papier II.

Lorsque le courant passe dans l'électro-aimant, l'extrémité du levier qui porte l'armature appuie e papier contre une roue imprégnée d'encre rasse.

Le télégraphe *Bréguet* est à cadran. Le télégraphe *Hughes*, fort employé aujourd'hui, imprime es dépêches et a surtout l'avantage d'être d'une manipulation bien plus rapide que le Morse ; la transmission se fait par un clavier sur les touches duquel on presse comme sur les touches d'un piano.

Parlez du téléphone et du microphone ?

Le *téléphone* de Bell consiste en une plaque de tôle mince P serrée par ses bords et maintenue à très faible distance d'un pôle d'aimant A ; autour de ce pôle est enroulée en bobine B un fil fin isolé ; enfin, en avant de la plaque vibrante, un pavillon H pour parler ou pour entendre.

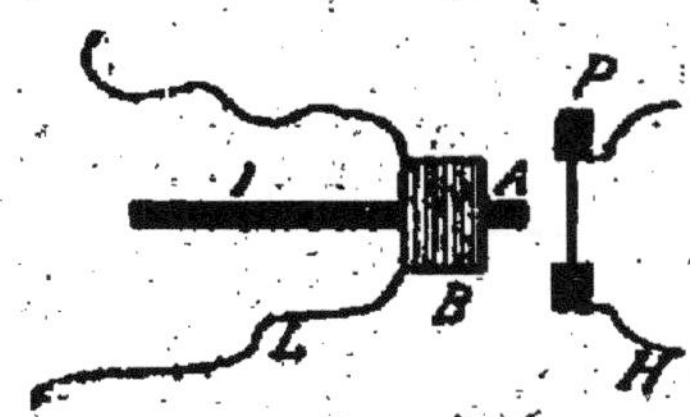

On associe deux appareils identiques de manière que le circuit des deux bobines soit fermé ; devant l'un, le *transmetteur*, on parle ; à l'autre, le *récepteur*, on écoute. Les vibrations de la voix sont reproduites par la plaque de fer doux qui oscille dans le voisinage du pôle ; il en résulte des variations (influence magnétique) dans l'aimantation du pôle, par suite des courants induits dans la bobine. Ce sont ces courants qui arrivent au récepteur et y produisent, à cause de la réversibilité de ces phénomènes, des vibrations identiques de la même plaque. L'oreille perçoit donc les sons émis.

Le téléphone de Bell a été perfectionné par Ader; celui-ci y a adjoint le *microphone*, imaginé par Hughes.

Le *microphone* se compose de deux petites pièces de charbon *c* et *c'* agglomérées qui sont fixées sur une planchette de bois AB ; entre elles est placée une sorte de crayon de même charbon A dont les deux pointes sont reçues dans de petites cavités.

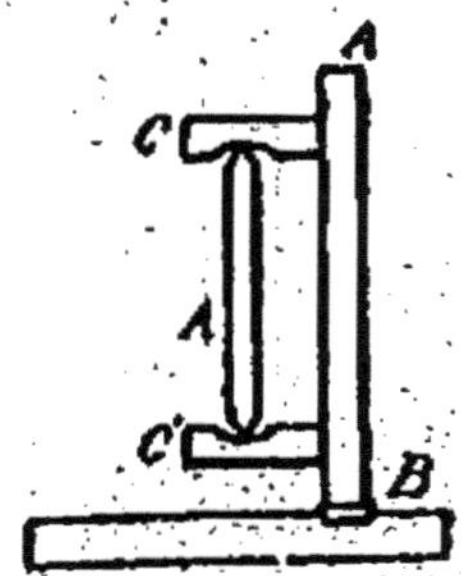

Dans le *téléphone Ader*, on place donc un microphone ou plutôt une série de microphones sous une plaque de bois mince, disposée comme la table d'un petit pupitre et devant laquelle on se met pour émettre la voix. Les vibrations entraînent vraisemblablement des variations de résistance aux contacts des charbons : d'où variations dans l'intensité du courant qui traverse la bobine du téléphone et enfin vibrations de la plaque. On ajoute au microphone une bobine d'induction pour transmettre les vibrations à une plus grande distance. Le circuit de transmission du téléphone Ader comprend donc en substance : une pile, un téléphone et un microphone ; au moyen de cet appareil la voix est parfaitement reproduite.

Courants alternatifs, bobines d'induction : bobine de Ruhmkorff. — Rayons cathodiques. Rayons X. — Machines d'induction. — Transport de l'énergie.

Donnez le principe et la description de la bobine de Ruhmkorff?

Les appareils qui produisent et utilisent les courants induits sont de deux sortes : ceux où l'induction est déterminée par un courant de pile fréquemment interrompu (courants alternatifs) et ceux où les courants induits prennent naissance par l'action des aimants sur les circuits fermés (machines magnéto et dynamo-électriques).

La bobine de Ruhmkorff est le type du premier groupe.

Elle se compose de deux bobines superposées, l'une, la bobine *inductrice A*, est formée d'un fil assez gros enroulé sur un faisceau de fils de fer,

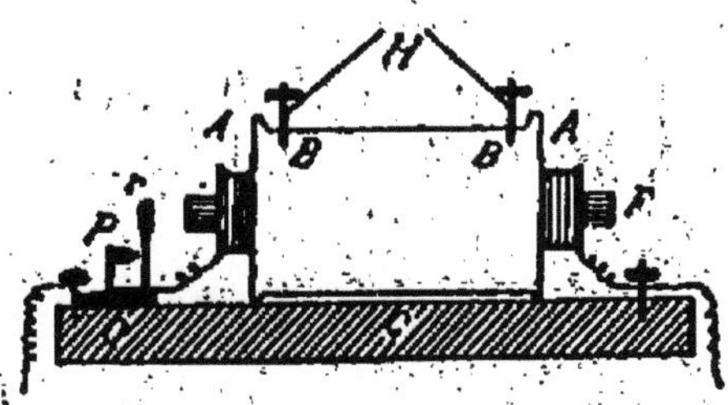

qui lui sert d'axe, elle est recouverte d'une enveloppe isolante F.

La seconde qui constitue la bobine *induite B* est

enroulée sur la première ; elle est formée d'un très grand nombre de spires d'un fil long et fin dont les extrémités sont amenées dans deux supports isolés où l'on viendra prendre les courants induits produits.

Toutes les fois qu'on lance un courant dans la bobine centrale, il se produit un double phénomène ; d'abord ce courant transforme en aimants les fils de fer du noyau, ces aimants qui commencent avec le courant qui prend naissance dans l'inducteur agissent avec lui pour déterminer un fort courant induit dans la bobine extérieure. Si, au contraire, on interrompt le courant inducteur, les aimants cessent d'être aimants, et il y a deux causes, la rupture du courant d'une part et la diminution d'aimantation d'autre part pour déterminer dans la bobine induite un fort courant induit direct. Ces courants d'induction seront d'autant plus intenses que les spires de la bobine induite seront plus nombreuses et plus près de l'inducteur ; c'est pourquoi l'on prend le fil induit si long et si fin ; dans les grands appareils il mesure plus de trente kilomètres.

Il faut donc produire de fréquentes interruptions du courant inducteur et les réaliser automatiquement.

On réalise automatiquement la fermeture et l'ouverture du circuit inducteur par des interrupteurs dont les principaux types sont l'*interrupteur à marteau* (marteau oscillant entre le noyau du fer doux et une enclume métallique) et l'*interrupteur à mercure* (pointe de platine qui sort d'un godet de mercure).

Les effets de la bobine de Ruhmkorff sont ceux d'une batterie électrique ou d'une machine de Wimshurst.

Qu'entend-on par rayons cathodiques et rayons X?

L'étincelle traverse le vide et aussi les gaz raréfiés ; elle prend alors la forme de stries alternativement très brillantes et presque dénuées d'éclat. On étudie les effets de l'électricité dans les gaz raréfiés à l'aide de tubes de toutes formes, dits *tubes de Geissler*. Dans le tube de Geissler où le vide est poussé jusqu'à 0 m. 005, l'intervalle compris entre les deux électrodes est occupé par une colonne lumineuse d'un rose violacé ; la cathode est entourée d'une espace obscur qui s'agrandit de plus en plus à mesure que la pression diminue. Quand celle-ci devient nulle, on a le *tube de Crookes* : l'espace obscur remplit tout le tube et les rayons émis par la cathode communiquent à la paroi qu'ils viennent frapper une vive lumière vert jaunâtre ; ces rayons sont appelés *rayons cathodiques*. De la paroi frappée partent d'autres rayons qui sont invisibles et ont la propriété de traverser, plus ou moins facilement, les corps opaques : ce sont les *rayons X*, de Rœntgen. Ces rayons impressionnent les plaques photographiques et donnent des ombres plus ou moins accentuées suivant l'opacité variable des objets qu'ils ont traversé (radiographie), ils rendent fluorescents certains corps (platinocyanure de baryum), ce qui permet la vision directe, par le moyen d'un écran fluorescent, des objets soumis aux rayons X (radioscopie).

Que savez-vous sur les machines d'induction et le transport de l'énergie ?

Les phénomènes d'induction ont conduit à toutes les machines industrielles qui produisent des courants.

Ces machines sont formées en principe : 1° d'un système d'aimants (machines magnéto-électriques, ex. : machine de Clarke) ou d'électro-aimants (machines dynamos électriques, ex. : machine de Gramme) créant un champ magnétique intense ; 2° d'un circuit (formé de spires ou de bobines) qui ayant dans ce champ un mouvement de rotation très rapide est parcouru par des courants d'induction.

La machine de Gramme qui est la plus importante, est à *courants continus* ; la description et le mécanisme de cette machine sont trop longs pour trouver place ici. — *A priori*, les machines d'induction doivent être à *courants alternatifs*, à cause de la production des courants induits direct et inverse ; ce n'est que par un artifice de disposition que celle de Gramme est à courants continus. Ces machines peuvent être employées pour l'éclairage électrique et avec avantage pour le *transport de l'énergie*.

Ainsi, si l'on réunit respectivement les pôles de deux machines de Gramme par deux fils conducteurs de façon à former un circuit fermé, en faisant tourner l'une des machines, A (*génératrice*), le courant qu'elle produit fera tourner l'autre, B (*réceptrice*), et celle-ci pourra accomplir un certain travail, par exemple soulever un poids P. La distance entre les deux machines peut être très grande. Or, il faut fournir du travail mécanique pour faire tourner la génératrice qui produit le courant ; par contre, la réceptrice fournit une certaine quantité de travail utilisable. Il y a donc là un moyen de transmettre au loin le travail par l'électricité.

Eclairage électrique. — Four électrique. Electrochimie

Que savez-vous sur l'éclairage électrique ?

L'éclairage électrique repose sur l'incandescence produite par les courants.

Un fil de charbon, placé dans le vide, peut devenir incandescent sous l'action d'un courant dont l'intensité n'est pas très considérable. C'est sur cette propriété que sont fondées *les lampes à incandescence.*

Le courant électrique passe par un fil de charbon, de la grosseur d'un crin de cheval, entouré d'une ampoule de verre dans laquelle on a fait un vide aussi parfait que possible. Le filament de charbon est recourbé sur lui-même et est fixé par ses extrémités à deux fils de platine, isolés l'un de l'autre qui servent de conducteurs. Le fil de charbon est porté, par le passage du courant, à une incandescence d'autant plus vive que le courant lui-même est plus intense.

On emploie quelquefois dans l'éclairage électrique l'arc voltaïque et la bougie Jablochkoff.

L'arc voltaïque repose sur le principe suivant : quand on sépare et qu'on maintient à faible distance deux baguettes de charbon réunies aux pôles d'une pile de 50 volts, il se produit entre elles une vive lumière qui porte le nom d'*arc voltaïque*. Tout porte à croire que le phénomène est accompagné d'une ébullition du carbone.

Dans la *bougie Jablochkoff*, l'arc éclate entre deux baguettes de charbon séparées par du kaolin qui fuse et se volatilise à mesure que les baguettes se consument.

Décrivez le four électrique. Quels sont ses usages ?

Le four électrique a été imaginé par M. Moissan ; il se compose d'un bloc de pierre calcaire, surmonté d'un couvercle de même matière. A l'intérieur de ce bloc, se trouve une cavité dans laquelle on place un creuset de charbon ; au-dessus de celui-ci on fait jaillir un arc électrique entre deux grosses électrodes en charbon.

Le four électrique fonctionne ordinairement avec un courant de 30 ampères sous 80 volts, et permet d'obtenir des températures dépassant 3.500°.

M. Moissan a pu ainsi fondre et volatiliser la silice (1) et la chaux et réduire les oxydes les plus stables comme ceux de chrome et de manganèse.

Qu'entend-on par électrochimie ?

On désigne sous le nom d'*électrochimie* l'ensemble des applications industrielles des effets chimi-

---

(1) Voir *Manuel de Chimie*, par A. Bouchonnet.

ques des courants, et plus spécialement la *galvanoplastie et l'électro-métallurgie*.

La *galvanoplastie* a pour objet de recouvrir une surface d'une couche bien adhérente d'un métal en précipitant, par un courant électrique, celui-ci d'une de ses dissolutions salines. Dans la pratique, on utilise presque uniquement le cuivre, le nickel, l'argent, l'or et le platine à cause de leur grande inaltérabilité.

L'objet à métalliser est pris comme électrode négative et placé dans une solution saline du métal à déposer (sulfate de cuivre par exemple); on choisit comme électrode positive une plaque de ce métal (cuivre).

Pour les petites opérations de galvanoplastie, on peut employer un dispositif constitué par une pile de Daniell fermée sur elle-même et dont l'objet à métalliser forme le pôle positif.

L'*électro-métallurgie* a pour objet soit l'affinage des métaux (cuivre, plomb), soit l'extraction des métaux de leurs minerais par voie électrolytique (extraction du zinc, de l'aluminium).

Ainsi, dans la préparation électrolytique de l'aluminium (procédé Héroult), l'alumine est fondue par la chaleur développée par le passage du courant d'une très grande intensité et électrolysée. Cette opération se fait dans une cuve en fer garnie intérieurement de charbon. Le bain est formé d'un mélange de cryolithe et d'alumine ; l'aluminium se rassemble au fond de la cuve.

FIN

TABLE DES MATIÈRES

NOTIONS GÉNÉRALES

ÉLECTRICITÉ STATIQUE

ÉLECTRICITÉ DYNAMIQUE

MAGNÉTISME

ÉLECTRO-MAGNÉTISME

APPLICATIONS DE L'ÉLECTRICITÉ

LAVAL. — IMPRIMERIE L. BARNÉOUD & Cⁱᵉ.

JOURNAL DES EXAMENS DU BACCALAURÉAT

COMPRENANT LES ÉPREUVES ÉCRITES ET ORALES

Cette publication paraît tous les jours pendant la durée des sessions par numéros de 4 ou 8 pages in-8°

PREMIÈRE PARTIE. — CLASSE DE PREMIÈRE

I. Latin-Grec, comprenant : 1° les jours de compositions écrites les trois sujets de composition française avec *plans ou développements*, le texte de version latine avec sa *traduction*, le texte de la version grecque avec sa *traduction* ; 2° les jours d'examen oral, des questions posées aux examens oraux sur toutes les parties du programme et les noms des candidats reçus à Paris.

Abonnement : 1 an, **4** fr., ou session de juillet, **2** fr., d'octobre, **2** fr.

II. Latin-Langues vivantes, comprenant : les *sujets* de composition française avec *plans ou développements*, le *texte de la version latine* avec sa *traduction*, le *texte de la composition en langue vivante étrangère* avec *plan* et les principales idées pour développer le sujet ; des questions posées aux *examens oraux* sur toutes les parties du programme et les noms des *candidats reçus à Paris.*

Abonnement : 1 an, **4** fr., ou session de juillet, **2** fr., de novembre, **2** fr.

III. Latin-Sciences, comprenant les *sujets* de composition française avec *plans ou développements*, le *texte de la version latine* avec sa *traduction*, les énoncés des compositions de mathématiques et de physique avec *solutions des problèmes* ; des questions posées aux *examens oraux* sur toutes les parties du programme et les noms des *candidats reçus à Paris.*

Abonnement : 1 an, **4** fr., ou session de juillet, **2** fr., de novembre, **2** fr.

IV. Sciences-Langues vivantes, comprenant les *sujets* de composition française avec *plans ou développements*, le *texte de la composition en langue vivante étrangère* avec le *plan* et les principales idées pour développer le sujet, les énoncés des compositions de mathématiques et de physique avec *solutions des problèmes* ; des questions posées aux *examens oraux* sur toutes les parties du programme et les noms des *candidats reçus à Paris.*

Abonnement : 1 an, **4** fr., ou session de juillet, **2** fr., de novembre, **2** fr.

DEUXIÈME PARTIE

I. Philosophie, comprenant : 1° les sujets et les *plans des dissertations philosophiques*, les énoncés des compositions scientifiques avec *solutions* s'il y a lieu ; 2° les *développements des dissertations*, des questions posées à l'examen oral et les noms des *candidats reçus à Paris* ; 3° les sujets de dissertation donnés dans toutes les Facultés des départements.

Abonnement : 1 an, **5** fr., ou session de juillet, **3** fr., de novembre, **2** fr.

II. Mathématiques, comprenant pour chaque jour d'examen les énoncés des compositions scientifiques avec les *solutions développées des problèmes*, les sujets de dissertation philosophique avec *plans ou développements* ; des questions posées aux *examens oraux* sur toutes les parties du programme et les noms des *candidats reçus à Paris*, et, de plus, les sujets des compositions données dans toutes les Facultés des départements.

Abonnement : 1 an, **5** fr., ou session de juillet, **3** fr., de novembre, **2** fr.